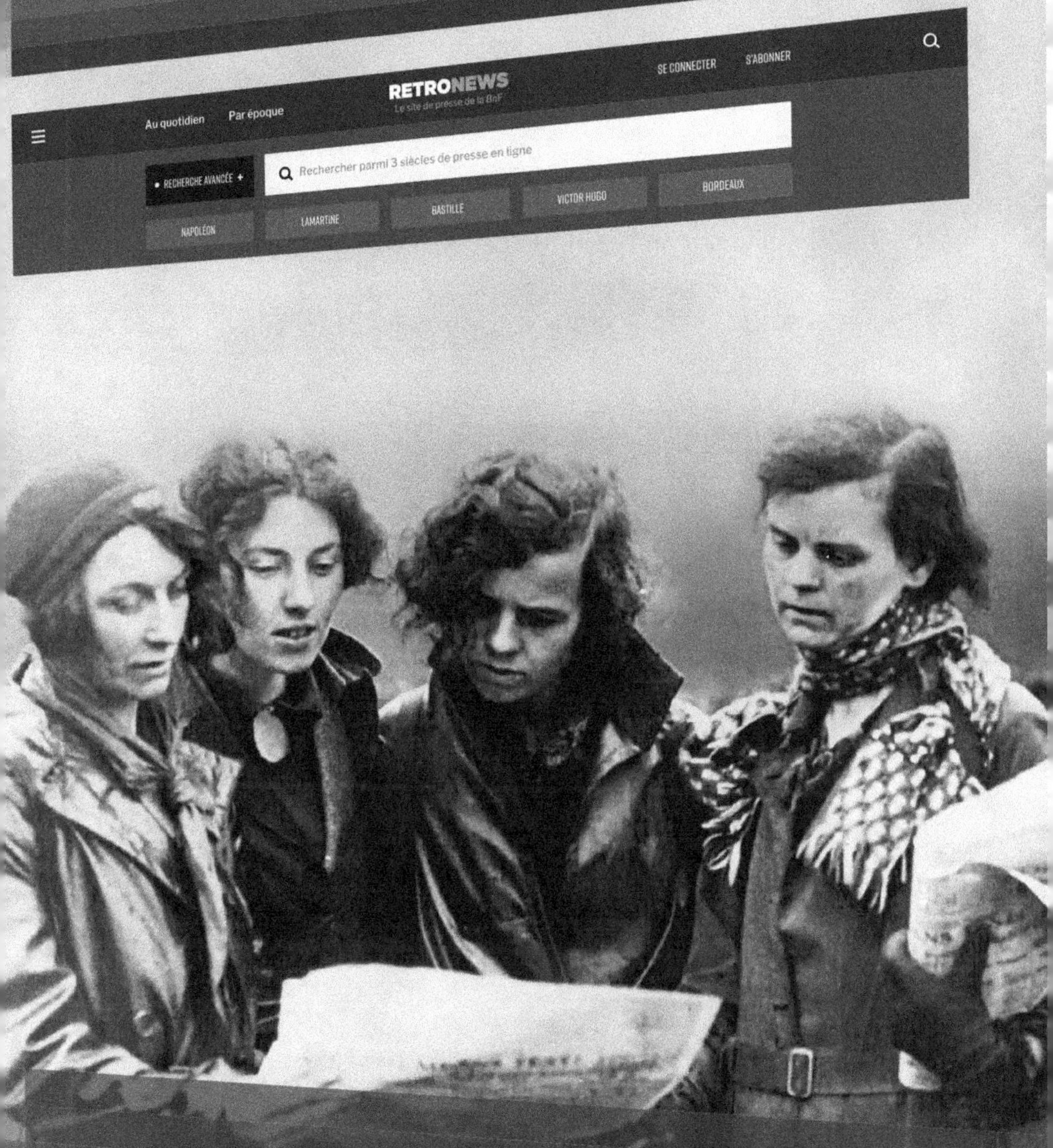

SOCIÉTÉ

ES AMATEURS NATURALISTES

DU NORD DE LA MEUSE

MÉMOIRES

TOME I

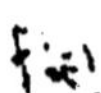

SOCIÉTÉ

DES

AMATEURS NATURALISTES

DU NORD DE LA MEUSE

MÉMOIRES

TOME I.

MONTMÉDY

IMPRIMERIE DE PH. PIERROT-CAUMONT.

1889

SOCIÉTÉ DES AMATEURS NATURALISTES

DU NORD DE LA MEUSE.

CONSTITUTION DE LA SOCIÉTÉ.

La première réunion, à laquelle avaient été convoqués tous les membres adhérents, a eu lieu le jeudi 11 octobre 1888, dans la grande salle de l'Hôtel-de-Ville de Stenay, à dix heures du matin.

Etaient présents : MM. Bertrand, Cardot, Cocu, Errard, Gaspard, Grégoire, Houzelle, Lecomte, Lepointe, Neveu, Paulot, Perrin, Pierron, Pierrot, Schaudel, Thomas, Vauthrin, Visseaux, Vitry et Vuillaume.

Les membres présents procèdent d'abord à l'élection d'un bureau provisoire.

Sont désignés, comme président, M. Gaspard, doyen d'âge, et comme secrétaire, M. Errard.

La parole est donnée à M. Pierrot qui rend compte du motif de la convocation faite par les membres fondateurs et donne lecture d'un travail où il retrace l'historique de la Société.

L'assemblée passe ensuite à la discussion du projet de statuts, présenté au nom des membres fondateurs par M. Vuillaume, rapporteur.

Après quelques légères modifications, tous les articles de ce projet sont adoptés.

La Société étant ainsi constituée, en vertu des statuts

qui viennent d'être votés, l'assemblée nomme son bureau définitif et son Conseil d'administration et de rédaction.

A l'unanimité sont élus :

Président : M. PIERROT.
Vice-Présidents : MM. BERTRAND et CARDOT.
Secrétaire général : M. VITRY.
Secrétaire des séances : M. VUILLAUME.
Membres adjoints : MM. PANAU, PERRIN et COCU.

Le bureau définitif étant ainsi constitué, M. Pierrot prend place au fauteuil et remercie la Société en quelques paroles émues, de l'avoir appelé à l'honneur de la présider, puis il déclare la séance ouverte.

M. Vuillaume, secrétaire, fait un compte-rendu verbal de l'excursion faite à Breux le 5 juillet dernier, par plusieurs des membres, excursion qui a été l'origine de notre Société. Il est décidé qu'un rapport sur cette excursion sera rédigé et inséré au compte-rendu de la séance. M. Cardot prend ensuite la parole pour présenter quelques observations sur la flore du territoire de Breux.

A ce propos, M. Cardot parle de la flore toute spéciale de ce coin si pittoresque et si curieux de notre région, énumère les nombreuses espèces végétales rares qui poussent spontanément sur les sables siliceux du lias, et cite quelques particularités intéressantes touchant la coloration des fleurs de certaines plantes de ce pays.

La séance est levée à midi.

Sont annexés au présent compte-rendu, qu'ont signé tous les membres présents, les statuts de la Société et les communications de MM. Pierrot, Cardot et Vuillaume.

Ont signé : MM. BERTRAND, J. CARDOT, COCU, ERRARD, GASPARD, GRÉGOIRE, HOUZELLE, L. LECOMPTE, O. LEPOINTE, NEVEU, PAULOT, PERRIN, PIERRON, PIERROT, SCHAUDEL, THOMAS, P. VAUTHRIN, E. VISSEAUX, VITRY et A. VUILLAUME.

A l'issue de la séance, un déjeuner fort bien organisé réunissait les membres présents à l'hôtel Dorant.

Pendant ce repas, auquel présida la plus franche cordialité, les conversations ont roulé avec entrain sur l'avenir de la jeune société et sur les heureux résultats qu'elle est appelée à produire.

Au dessert, M. Jules Cardot a pris la parole et a prononcé le toast suivant qui a été chaleureusement applaudi.

MESSIEURS,

Il n'y a guère de réunion scientifique sans dîner ; j'ai remarqué souvent que la science et la gastronomie font assez bon ménage. S'il n'y a pas de réunion scientifique sans dîner, il n'y a pas non plus de dîner sans toasts, et je crois que le moment est venu d'y songer.

Je vais donc vous proposer, Messieurs, de boire au succès de notre Société, à sa durée, à sa prospérité. Mais en nous voyant réunis ici autour de cette table, dans une pensée commune d'union scientifique, je ne puis m'empêcher, Messieurs, de songer que ce plaisir, nous le devons, en somme, à un seul d'entre nous ; à celui qui, le premier, s'est occupé, dans notre arrondissement, d'une branche quelconque des sciences naturelles, à une époque où ces sciences n'étaient guère en faveur et comptaient bien peu d'adeptes ; qui depuis plus de 30 ans, étudie avec passion la flore de notre coin de terre ; qui m'a appris à la connaître ; qui a guidé également les premières excursions de beaucoup d'entre vous, Messieurs les Instituteurs ; qui enfin a contribué plus que tout autre à répandre dans ce pays le goût de la botanique. Longtemps seul, il se voit aujourd'hui entouré d'une troupe de disciples ardents et zélés, et il peut, à juste titre, être fier du résultat de ses efforts.

Je bois donc, Messieurs, à la prospérité de notre Société, et, en même temps, à la santé de son véritable fondateur, notre honorable Président M. Pierrot.

M. Pierrot a remercié son jeune ami et fidèle compagnon d'herborisation des sentiments trop aimables qu'il venait d'exprimer ; il a levé son verre à la vitalité de la Société et s'est rendu l'interprète des sentiments de tous en exprimant sa gratitude envers la municipalité de la ville de Stenay, pour l'aimable hospitalité que celle-ci avait bien voulu donner à la Société dans la grande salle de l'Hôtel-de-Ville.

Il a fallu s'arracher aux charmes de cette agréable réunion, mais les convives n'ont pas voulu se séparer sans s'associer à une bonne œuvre.

Une collecte faite séance tenante, a produit une somme de onze francs qui a été remise entre les mains de M. le Maire de Stenay, pour être versée dans la caisse des écoles de cette ville.

COMMENT EST NÉE LA SOCIÉTÉ.

Exposé présenté par M. PIERROT.

C'était en juillet dernier, par une de ces brumeuses matinées dont l'été de 1888 a été plus prodigue que de beaux jours.

Nous étions un petit groupe de touristes venus des quatre coins de l'arrondissement, presque inconnus encore la veille les uns aux autres, mais réunis par la communauté des goûts, et pleins d'ardeur pour les excursions se rattachant à l'étude des sciences naturelles.

Parmi nous se trouvaient un médecin, un vétérinaire, un botaniste émérite, un imprimeur et quelques instituteurs, tous rassemblés par le culte de la nature dans toutes ses manifestations.

Nous cheminions le long de l'agréable vallée de la Thonne, aux approches de Thonnelle et d'Avioth et tout en faisant la chasse aux plantes et aux insectes, nous échangions nos réflexions comme de vieux amis, — car il n'est rien tel que l'amour des sciences pour engendrer rapidement les sympathies réciproques, — et nous exprimions le désir qu'il restât quelque chose de nos recherches, jusque là presque exclusivement vouées à la botanique, mais qui par la suite pourraient s'étendre à d'autres branches : géologie, entomologie, etc., selon les goûts de chacun.

— Mais, dit l'un d'entre nous, pourquoi donc ne nous organiserions-nous pas en Société ?

Cette idée si simple fut un véritable trait de lumière et fut immédiatement accueillie avec enthousiasme.

Et quelques heures plus tard, assis sur les bancs d'une modeste auberge du village de Breux, nous établissions les bases de la future association, tout en faisant honneur à un frugal déjeuner avec le robuste appétit que développent des courses à travers bois, coteaux et vallées.

L'endroit était bien choisi pour l'éclosion d'une semblable idée. Breux est en effet le centre d'une région très intéressante pour l'antiquaire, pour le naturaliste et pour l'amateur de beaux sites. Avioth, Orval, La Soye, la forêt de Merlanvaux, la vallée de la Marche, qui sont tout près, y captivent l'attention à des titres différents et attirent chaque année sur ce sol privilégié de nombreux visiteurs.

Le repas terminé, nous nous remettions en route au milieu des sables infraliasiques, ayant tous la classique boîte de fer blanc au côté, et après une riche récolte de plantes, nouvelles pour nos invités, à qui nous avions vanté les agrestes beautés et les diverses attractions de ce coin perdu de notre département, nous nous trouvions de nouveau réunis au hameau de Fagny en face d'une ravissante vallée. Tout en faisant honneur aux produits de la brasserie du pays, — le soleil avait enfin daigné se montrer et se faire notre aimable compagnon de route, bien qu'un peu importun par l'ardeur de ses rayons, — nous ramenions l'entretien sur notre projet du matin, tout en classant les raretés que nous avait values une petite pointe sur le territoire belge.

Il fut convenu que l'association prendrait la dénomination de *Société des amateurs naturalistes du Nord de la Meuse*, ce qui n'excluait pas, d'une manière absolue, d'autres sujets d'étude et d'observation étrangers aux sciences naturelles ;

Qu'elle serait instituée régulièrement et soumise à un

règlement qui sera proposé à l'approbation de l'autorité compétente ;

Que tout naturellement les discussions politiques et religieuses seraient rigoureusement consignées à la porte des réunions ;

Qu'elle aurait un organe périodique qui deviendrait l'œuvre de la collaboration de ses membres ;

Que les séances se tiendraient alternativement sur divers points de la région de façon à donner autant que possible satisfaction à tous ;

Que la cotisation annuelle serait abaissée au plus bas taux possible et que la plus stricte économie serait apportée dans la gestion du fonds social ;

Qu'enfin appel serait fait à toutes les bonnes volontés en vue d'étendre aussi largement que possible les rangs de la future Société.

Chacun de nous prit l'engagement d'intéresser à celle-ci ses amis et connaissances et il fut décidé qu'une circulaire-programme serait adressée aux médecins, pharmaciens, vétérinaires, instituteurs et autres amateurs éventuels de la contrée.

Le *Journal de Montmédy* a publié à ce sujet un appel suivi de l'envoi de circulaires à toutes les personnes de la région jugées susceptibles de se joindre à nous dans cette œuvre de décentralisation, qui pourra aider efficacement à la constitution des musées cantonaux ou communaux.

Il fut en outre arrêté que l'installation de la Société se ferait en octobre, soit immédiatement après la clôture des vacances.

Notre appel a été entendu. 60 amateurs de toute condition et de toute profession, mais tous d'une honorabilité éprouvée ont déjà répondu, et beaucoup d'entre eux, en nous envoyant leur adhésion l'ont accompagnée de félicitations et d'encouragements dont nous avons été très touchés.

Aujourd'hui, Messieurs, est venue l'heure de mettre à exécution le projet que nous avons eu tout le temps de méditer et de mûrir. Aussi venons-nous vous proposer de décider que l'association ébauchée sous le nom de *Société des amateurs naturalistes du Nord de la Meuse* est née viable, qu'elle vivra et prospérera, sous l'impulsion commune et active de tous ceux qui s'y sont fait agréger.

Notre premier soin, après vous avoir exposé les origines de la Société, doit être de vous inviter à constituer un bureau provisoire et d'arrêter les termes du règlement que nous aurons à soumettre à l'autorité préfectorale de qui nous attendons la solution la plus favorable, M. le Préfet de la Meuse étant un érudit qui s'intéresse activement à tout ce qui est du domaine de l'intelligence sous toutes ses faces.

Extraits de lettres que nous avons reçues.

« La connaissance des plantes de nos contrées, nous mande un instituteur, ne peut que nous être utile pour nous-mêmes et surtout pour nos élèves qui sauront ainsi plus tard utiliser les propriétés des unes et se garantir contre le mal que les autres pourraient leur occasionner. Malheureusement jusqu'alors les moyens de poursuivre une étude aussi intéressante nous faisaient défaut. La création de cette Société répond à un besoin général. »

(M. MONTLIBERT, de Sorbey).

« Cette Société bien organisée rendra certainement de grands services » nous écrit un autre maître de l'enfance.

(M. HENRY, de Chauvency-le-Château).

« Inutile de vous dire, nous écrit un amateur d'archéologie, qui exprime le désir de voir cette branche d'étude inscrite dans notre programme, que si mon modeste concours pouvait être de quelque utilité à l'œuvre que vous allez fonder, je me mettrais avec empressement à votre disposition, heureux et fier d'être compté par vous dans les rangs du groupe d'amis qui s'est déjà réuni autour de vous. »

(M. SCHAUDEL, de Thonne-la-Long).

« Je ne puis que vous féliciter chaleureusement de l'heureuse initiative que vous venez de prendre en provoquant la formation d'une Société ayant pour but de développer dans cette contrée le goût des sciences naturelles. »

(M. GRÉGOIRE, de Thonnelle).

« Mille fois merci de vous être souvenu de moi à l'occasion de la fondation de la *Société des amateurs naturalistes du Nord de la Meuse.* » Suivent des promesses de concours.

(M. PERRIN, de Stenay).

« Je pense bien que vous n'avez pas attendu mon adhésion pour m'inscrire d'office comme membre de votre Société. »

(M. MUTELET, de Nouillonpont).

LISTE DES MEMBRES

MEMBRES FONDATEURS DE LA SOCIÉTÉ

(Réunion de Breux du 5 Juillet 1888).

1° M. BERTRAND, médecin à Consenvoye ;
2° M. CARDOT Jules, à la Jardinette (Stenay) ;
3° M. COCU, vétérinaire à Stenay ;
4° M. HOUZELLE, instituteur à Breux ;
5° M. JACQUEMIN, id. à Fresnois (actuellement à Ribeaucourt, près Montiers) ;

6° M. Lepointe Octave, instituteur à Avioth ;
7° M. Paulot, instituteur à Petit-Verneuil ;
8° M. Pierrot, imprimeur à Montmédy ;
9° M. Vitry, instituteur à Montmédy (ville-basse) ;
10° M. Vuillaume, directeur d'école primaire à Stenay.

MEMBRES ACTIFS

(inscrits suivant l'ordre de l'arrivée des adhésions).

11° MM. Vauthrin, pharmacien à Stenay ;
12° Sommeillier Jules, à Montmédy ;
13° Perrin, conducteur des Ponts-et-Chaussées à Stenay ;
14° Panau, négociant, rue St-Pierre, à Verdun ;
15° Schaudel, lieutenant des douanes à Thonne-la-Long ;
16° Foury, instituteur à Iré-les-Prés (actuellement à Bouvigny) ;
17° Grégoire, instituteur à Thonnelle ;
18° Visseaux Emile, négociant et Conseiller d'arrondissement à Stenay ;
19° Marchal, entrepreneur à Villécloye ;
20° Henry, instituteur à Chauvency-le-Château ;
21° Lescuyer, pharmacien à Pont-Audemer (Eure) ;
22° Montlibert, instituteur à Sorbey ;
23° Grosjean Maurice, rentier à Spincourt ;
24° Pierron, inspecteur primaire à Montmédy ;
25° Lecomte, instituteur à Cierges ;
26° Heintz Léon, rentier à Avioth ;
27° Josset, instituteur à Thonne-la-Long ;
28° Breton C., élève en pharmacie à Saint-Mihiel (Pharmacie Humbert) ;
29° Jacques, instituteur à Chauvency-St-Hubert ;

30° MM. Beauzée, instituteur à Montmédy (ville-haute) ;
31° Collignon, id. à Olizy ;
32° Thémelin, professeur au Collége de Virton (Belgique) ;
33° Ferry, commis des douanes à Ecouviez ;
34° Delahaye, pharmacien à Damvillers ;
35° Lapanne, pharmacien à Verdun ;
36° Mutelet, vétérinaire à Nouillonpont ;
37° Geoffroy, instituteur à Vigneul-s.-Montmédy ;
38° Didier, vétérinaire à Dun ;
39° Henry Emile, instituteur à Consenvoye ;
40° Watrin, instituteur à Ville-devant-Chaumont ;
41° Thomas, id. à Brabant-sur-Meuse ;
42° Collignon, agent-voyer à Septsarges ;
43° Vicq, médecin à Sampigny ;
44° Thiéry, instituteur à Villers-les-Mangiennes ;
45° Watier, instituteur intérimaire à Villers-les-Mangiennes ;
46° Baldé, maire et conseiller d'arrondissement à Sorbey ;
47° Ducluzeaux, docteur-médecin à Stenay ;
48° Gérard, instituteur à Martincourt ;
49° Neveu, employé des ponts-et-chaussées, à Stenay ;
50° Errard, instituteur-adjoint à Stenay ;
51° E. Potron, suppléant au juge de paix à Mouzon ;
52° Rigaux, pharmacien à Montmédy ;
53° Gaspard, instituteur en retraite à Stenay ;
54° Thomas, instituteur-adjoint à Stenay ;
55° Rousseau id. id.
56° Collin, id. à Montmédy ;
57° Célice, docteur médecin à Dun ;
58° Gallas, pharmacien à Dun.

Compte-rendu de l'Excursion faite à Breux, le 5 Juillet 1888

Par M. J. CARDOT.

Plusieurs botanistes et amateurs d'histoire naturelle s'étaient donné rendez-vous le 5 Juillet dernier pour explorer le territoire du village de Breux, qui forme l'extrémité septentrionale de notre arrondissement.

MM. Bertrand, de Consenvoye, Cocu et Vuillaume, de Stenay, partis en voiture de cette ville vers 7 heures du matin, me prenaient en passant à la Jardinette. A 8 h. 1/2 nous étions à Thonne-les-Prés, où nous trouvions M. Pierrot, de Montmédy, le doyen des botanistes de la Meuse, accompagné de M. Vitry. Ces messieurs prenaient place dans notre véhicule, qui nous permettait de gagner rapidement Thonnelle. Là, il est décidé que pendant que MM. Pierrot, Bertrand, Cocu et Vuillaume remonteront à pied les bords de la Thonne, j'irai remiser cheval et voiture à Avioth; M. Vitry m'accompagne.

Nous arrivons en quelques minutes à Avioth, où nous sommes attendus par MM. Houzelle et Lepointe. Après avoir mis à l'auberge le cheval et la voiture, nous partons à la rencontre de nos collègues.

Le temps est malheureusement fort pluvieux depuis le matin et ne semble pas vouloir s'éclaircir; de violentes averses viennent à chaque instant nous obliger à déployer nos parapluies. Nous suivons un chemin qui longe la Thonne. Dans les champs avoisinants nous remarquons *Lycopsis arvensis* et *Kœleria cristata* et au bord du ruisseau le *Baldingera colorata*. Ce sont, en somme, de bien pauvres récoltes.

Nous ne tardons pas à rencontrer nos compagnons, qui n'ont guère été plus heureux que nous et n'ont à nous montrer que *Dianthus prolifer*, *D. Armeria* et *Scleranthus annuus*.

De retour à Avioth, nous allons visiter l'église qui est un splendide échantillon du style gothique le plus pur. Nous nous attarderions volontiers à admirer dans tous ses détails ce beau monument, qu'une déplorable incurie menace de laisser tomber en ruines ; mais le temps nous presse et nous avons une longue course devant les jambes. Nous prenons à peine le temps de récolter parmi les tombes du cimetière qui entoure l'église quelques pieds de Jusquiame *(Hyoscia-mus niger)*, plante sinistre, qui jouissait jadis d'un fort mauvais renom et passait pour entrer dans la composition mystérieuse des philtres, et nous nous empressons de prendre la route de Breux.

Nous ne tardons pas à la quitter, pour nous engager à gauche dans la prairie marécageuse de la Prêle, ainsi nommée sans doute en raison de la grande quantité d'*Equisetum* qui y pousse. Nous n'y remarquons d'ailleurs aucune plante intéressante. Après avoir traversé quelques champs de pommes de terre, nous atteignons la lisière d'un petit bois où nous récoltons : *Phleum Bœhmeri*, *Silene nutans* et *Lychnis viscaria*, ce dernier malheureusement trop avancé. Nous nous dirigeons ensuite à travers champs vers le village de Breux, tout en récoltant *Alsine tenuifolia* et *Serpyllifolia*, *Dianthus prolifer* et *Armeria*, *Scleranthus annuus*.

Il est près de midi lorsque nous arrivons à Breux ; nos estomacs, à défaut de nos montres, nous en auraient avertis. Aussi n'avons-nous rien de plus pressé que de gagner l'auberge et bientôt nous nous attablons devant une magnifique omelette au jambon, laquelle, malgré ses respectables proportions, disparaît comme un rêve. Nous parlions déjà d'en faire confectionner une seconde lorsque M. Pierrot, ouvrant un certain paquet mystérieux qui nous avait fort intrigués depuis le matin et que nous avions véhiculé à tour de rôle, en tire un superbe pâté, destiné à compléter l'omelette. Inutile de dire qu'il est le bien venu.

« Ventre affamé n'a pas d'oreilles » dit le proverbe.

Jusqu'à présent les fourchettes et les mâchoires ont plus travaillé que les langues. Mais notre appétit étant enfin calmé, nous nous mettons alors à deviser, de botanique et d'histoire naturelle, bien entendu. C'est alors que l'on remet sur le tapis la proposition, émise déjà par l'un de nous, pendant l'herborisation du matin, de fonder une société destinée à répandre dans notre pays le goût des sciences naturelles, à en faciliter l'étude aux débutants, et enfin à servir de lien entre tous les amateurs de notre région. Cette idée est adoptée avec enthousiasme, et séance tenante, nous arrêtons le titre de notre association, qui s'appellera : *Société des Amateurs naturalistes du Nord de la Meuse*. Il est convenu que des circulaires seront imprimées immédiatement et envoyées à toutes les personnes pouvant s'occuper d'une branche quelconque des sciences naturelles et spécialement à tous les instituteurs.

Nous buvons joyeusement à la réussite et à la prospérité de notre œuvre, puis nous nous hâtons de reprendre nos boîtes, car nous devons pousser, cet après-midi, jusqu'à Fagny, sur la frontière belge. Le soleil a enfin fini par percer les nuages, et nous nous mettons gaiement en route, nous dirigeant sur la Bosse-des-Fées, colline sablonneuse, située à un kilomètre environ de Breux.

Avant d'y arriver, nous traversons une prairie très humide qui occupe le fond d'un petit vallon. Là, nous récoltons quelques espèces intéressantes : *Lycopus europæus*, *Lotus uliginosus*, *Epipactis palustris*, *Juncus lamprocarpus*, *Scirpus sylvaticus*, plusieurs *Carex* et l'*Eriophorum latifolium*, qui montre dans tous les endroits marécageux ses jolies aigrettes blanches.

Nous sommes au pied de la colline, d'où sort une jolie source, appelée la Fontaine-des-Fées. Cette colline passait en effet, jadis, nous dit M. Houzelle, pour servir de retraite à des fées, qui avaient le pouvoir d'endormir pour un temps plus ou moins long, mais qui ne pouvait pas dépasser 100 ans, tous ceux qui avaient encouru leur colère. Cet accident ne nous étant pas arrivé, nous atteignons le sommet de la Bosse sans éprouver la moindre somnolence, et après avoir récolté sur les revers sablonneux : *Scleranthus annuus* et *perennis*, *Jasione montana*, *Trifolium arvense*, *Alchemilla arvensis*, *Dianthus prolifer*. Si un géologue se trouvait parmi nous, il ferait ici une riche récolte de fossiles.

De la Bosse-des-Fées, nous nous dirigeons vers les bois de Chelvaux. Les champs et les friches incultes que nous traversons nous offrent : *Trifolium medium*, *Ervum tetraspermum*, *Vicia segetalis*, *Viola tricolor*, *Polygonum convolvulus*, *Asperula cynanchica*, *Verbascum lychnitis*, *Agrostis spica-venti*, *Bromus sterilis*, *B. mollis*, *Cynosurus cristatus*, *Arrhenatherum elatius*. Nous remarquons que le *Raphanus raphanistrum* a ici les fleurs d'un jaune pâle, tandis qu'on ne le rencontre qu'avec des fleurs blanches dans les autres parties de notre arrondissement.

Chemin faisant, M. Bertrand capture quelques insectes et un beau lézard vert (*Lacerta viridis*). Traversant ensuite quelques jeunes taillis encombrés de buissons de genêts (*Sarothamnus scoparius*), nous pénétrons dans le vallon de Chelvaux. Les beaux bois qui couvrent le flanc droit de ce vallon nous réservent une abondante moisson, dont voici les principales espèces : *Sambucus racemosa*, *Cerasus Padus*, *Hypericum humifusum* et *pulchrum*, *Viola tricolor*, *Sedum elegans*, *Sanicula europæa*, *Epilobium spicatum*, *Circæa lutetiana*, *Campanula rapunculoïdes*, *Senecio sylvaticus*, *Gnaphalium sylvaticum*, *Pteris aquilina* très abondant, et *Aspidium filix-femina*. M. Houzelle nous fait remarquer, au milieu du bois, des vestiges de constructions romaines, autrefois fouillées par M. Ottmann, et depuis par les soins de MM. Schaudel et Houzelle.

En sortant du bois, nous récoltons dans les champs quelques pieds d'une rare Orobanche, le *Phelipæa cærulea*. Nous traversons plusieurs champs de Lupin (*Lupinus luteus*), légumineuse que l'on cultive ici comme engrais vert, et nous arrivons enfin au hameau de Fagny, où notre premier soin est de nous mettre en quête d'un cabaret, car nous mourons de soif. Nous ne manquons pas cependant de récolter dans l'unique rue du hameau, sur les décombres et autour des fumiers, deux rares Labiées: *Leonurus Cardiaca* et *Marrubium album*. Une troisième espèce, que nous avons plusieurs fois récoltée ici, le *Nepeta Cataria*, échappe cette fois à nos recherches.

Fagny est le point *terminus* de notre excursion. Cependant nous désirons vivement récolter une jolie Composée, l'*Helichrysum arenarium*, sorte d'Immortelle à fleurs jaunes qui croît dans les environs. Sa station la plus rapprochée se trouve de l'autre côté de la frontière, près du village belge de Lismes. Laissant les autres à l'auberge, les trois meilleurs marcheurs d'entre nous partent au pas de course, traversent à la passerelle des Allemands le ruisseau de la Marche, qui forme la frontière et arrivent en quelques minutes à la station de l'*Helichrysum*, dont la floraison commence à peine. Ils en font une abondante récolte et rejoignent sans retard le gros de la troupe. Le temps nous manque pour explorer les prairies marécageuses qui bordent la Marche et où croissent, entre autres raretés : *Parnassia palustris, Triglochin palustre* et *Ophioglossum vulgatum.*

Nous regagnons Breux le plus rapidement possible, sans nous écarter cette fois de la route. Aussi n'avons-nous plus rien à signaler ; nous ramassons cependant, sur le cimetière de Breux l'*Aristolochia clematitis*, et nous cherchons, mais en vain, le *Vicia lathyroides*, que nous avons récolté jadis sur des talus sablonneux, au-dessous du cimetière.

De retour à l'auberge, nous trouvons là deux confrères, MM. Paulot et Jacquemin. Le mauvais temps les a empêchés de se mettre en route le matin ; ils ne se sont décidés à partir que lorsque le ciel s'est éclairci, mais sont arrivés à Breux trop tard pour nous rejoindre. Nous les mettons au courant de notre projet de fonder une société pour l'étude des sciences naturelles. Inutile d'ajouter qu'ils approuvent pleinement cette idée et nous promettent tout leur concours.

Nous revenons tous ensemble à Avioth ; là, nous nous séparons de MM. Houzelle, Lepointe, Paulot et Jacquemin. Nous reprenons notre voiture, qui nous conduit à Montmédy, où un réconfortant souper nous attend. Mais il faut nous hâter : M. Bertrand, que ses devoirs professionnels obligent à rentrer à Consenvoye le jour même, veut prendre à Stenay le dernier train du soir. Hélas ! nous avons beau fouetter le cheval, nous arrivons à la gare de Stenay juste pour voir filer le train et notre infortuné confrère est obligé de se faire reconduire en voiture à Consenvoye, où il n'arrive qu'au milieu de la nuit. C'est le seul incident fâcheux de cette bonne journée, qui laissera d'agréables souvenirs à chacun de nous.

Quelques mots sur la Flore des Sables liasiques

Par M. Jules Cardot.

Le territoire de Breux-Fagny est constitué entièrement par les sables du lias. Ce terrain nourrit une flore complètement différente de celle que nous observons dans le reste de l'arrondissement. Ce qui frappe au premier abord, c'est la présence du Genêt, de la Bruyère et de la Ptéride, qui indiquent une végétation silicicole. On trouve en effet sur ce terrain de nombreuses espèces que l'on chercherait en vain sur les terrains calcaires appartenant aux étages oolithique, oxfordien ou corallien, qui constituent la plus grande partie de notre territoire. Plusieurs de ces espèces même ne se retrouvent sur aucun autre point du département de la Meuse. Voici la liste de ces espèces caractérisant la végétation des environs de Breux et des territoires avoisinants, Orval, Gérouville, etc, :

Arabis arenosa Scop.
Teesdalia nudicaulis R. Br.
Turritis glabra L.
Viola tricolor L. (1)

(1) Cette espèce est représentée sur les terrains calcaires par une forme à fleurs beaucoup plus petites, jaunâtres. (*V. Arvensis* Murr).

Pyrola minor L.
Polygala comosa Schk.
Viscaria purpurea Wimm.
Spergula arvensis L.
» rubra Dietr.
Stellaria uliginosa Murr.
Cerastium quaternellum Fenzl.
Erodium pimpinellæfolium Sibth.
Trifolium striatum L.
» ochroleucum L.
Vicia lathyroides L.
Ornithopus perpusillus L.
Prunus Padus L.
Geum rivale L.
Potentilla argentea L.
Scleranthus perennis L.
Sambucus racemosa L.
Helichrysum arenarium D C.
Antennaria dioïca Gœrtn.
Filago arvensis L.
Filago minima Fr.
Arnoseris minima Gœrtn.
Chondrilla juncea L.
Jasione montana L.
Vaccinium Myrtillus L.
Lycopsis arvensis L.
Digitalis purpurea L.
Veronica triphyllos L.
Galeopsis ochroleuca Lam.
Marrubium vulgare L.
Satyrium viride Sw.
Aira caryophyllea L.
Deschampsia flexuosa Gris.
Holcus mollis L.
Glyceria loliacea Godr.
Danthonia decumbens D C.
Ophioglossum vulgatum L.
Equisetum sylvaticum L.
» hyemale L.

En dehors de ces espèces tout à fait spéciales, dans notre arrondissement, aux sables du lias, on trouve encore à Breux et Fagny, quelques autres espèces rares, mais qui existent sur plusieurs autres points de notre région. Il convient cependant de les citer :

Parnassia palustris L.
Malva moschata L.
Hypericum pulchrum L.
» humifusum L.
Circæa lutetiana L.
Sedum elegans Lej.
Saxifraga granulata. L.
Scorzonera humilis L.
Specularia hybrida A. D C.
Lysimachia nemorum L.
Phelipæa cærulea Mey.
Nepeta cataria L.
Leonurus Cardiaca L.
Polygonum bistorta L.
Aristolochia Clematitis L.
Triglochin palustre L.
Mayanthemum bifolium D C.
Epipactis palustris Crantz.
Orchis Morio L.
Botrychium lunaria Sw.

LE LIPARIS SALICIS OU L'APPARENT.

Bombix Salicis (Linné).

Par M. H. BERTRAND.

Ce papillon, par trop commun, est en partie la cause, du moins dans nos contrées, de la perte des beaux arbres qui ombragent nos routes. Le 5 juillet 1888 nous avons constaté sa présence sur les peupliers qui bordent celle de Montmédy à Stenay ; c'est ce qui m'a engagé à publier cet article dans le premier numéro du Bulletin de notre Société, comme complément, au point de vue entomologique, du compte-rendu de l'excursion de ce jour. Il s'attaque principalement aux peupliers d'Italie et du Canada, dont les feuilles tendres servent de nourriture à ses chenilles, mais il ne respecte pas pour cela les autres espèces du même genre où il occasionne aussi de grands dégâts.

Ses chenilles nombreuses dévorent jusqu'à la dernière feuille de ces arbres, et, dès le mois de mai, on est à même de constater que dans l'espace de plusieurs kilomètres, les peupliers élancés de nos routes sont complétement dépouillés et ressemblent à des arbres morts. Avec un peu d'attention, on remarque aussi que la terre qui les environne est criblée de petits corps noirs, qui ne sont que des excréments de ses chenilles, et que sur les branches de ces arbres, montent et descendent en foule des chenilles bigarrées de verrucosités rouges, de taches soufrées ou blanchâtres, disposées en séries le long du dos.

Ces chenilles sont celles du *Liparis Salicis* qui donnent naissance à ces papillons aux ailes de 0^{m}05 à 0^{m}06 d'envergure, uniformément revêtues d'écailles blanchâtres, fugaces et argentées, sans aucun dessin, sans lignes transversales, dont les dents de peigne des antennes sont noires, les pattes velues, annelées de blanc, et les jambes postérieures garnies d'éperons terminaux.

Pendant les chaudes nuits de juin et de juillet, ces papillons voltigent, comme des milliers de fantômes, autour des arbres; ils se laissent capturer facilement par les chauves-souris, qui jonchent le sol des ailes de leurs victimes.

Le jour, ils brillent de loin sur les troncs d'arbres, et quand les moineaux sont venus visiter leur troupe, ce qui leur arrive fréquemment, on les voit s'éparpiller à terre et tournoyer dans la poussière, estropiés et à moitié morts. Les femelles fécondées agglutinent leurs œufs en petits amas, entre les fissures des écorces, en les enveloppant d'un mucus qui brille comme du satin, ce qui les fait reconnaître de très loin.

Au printemps suivant, les chenilles éclosent; le fait peut se reproduire en automne, mais alors elles succombent sous l'influence des rigueurs de l'hiver. A la fin de mai, leurs chrysalides, d'un noir brillant, pourvues de touffes de poils jaunâtres disséminées, sont fixées aux troncs, ou reposent librement entre les feuilles de la plante nourricière, où on les distingue à travers quelques fils.

Depuis sept ans, j'ai observé à différents endroits la marche envahissante de ces bombycides, notamment entre Vacherauville et Samogneux, sur la route de Sivry-sur-Meuse, et dernièrement sur celle de Montmédy. J'ai constaté aussi avec plaisir les efforts faits par l'administration en vue d'empêcher la multiplication de cette dangereuse espèce. Mais à mon humble avis, il fant faire plus encore; il faut gratter toutes les plaques ou les goudronner au pinceau, ainsi que le recommande Maurice Girard; et, en outre, avoir le soin de tracer au-dessous des premières branches et non en bas du tronc, un anneau de goudron, qui empêchera les chenilles écloses inférieurement de monter dans le feuillage où elles trouvent leur nourriture.

Mais, malgré ces moyens, nous serions coupables de négliger le secours puissant et efficace qui nous est offert par la nature. Je veux parler des animaux insectivores, que, loin de détruire, nous devons protéger.

Pour cela, le rôle de chacun est tracé à l'avance ; aux législateurs de nous donner une loi sur la protection des oiseaux, loi qui se fait attendre et que nous appelons de tous nos vœux ; aux administrateurs de faire respecter celle de l'échenillage ; à nous, de vulgariser les sciences naturelles, afin que tout le monde connaisse les espèces utiles, pour les protéger, et les espèces nuisibles pour les détruire.

Consenvoye.

STATUTS

de la Société des Amateurs naturalistes du Nord de la Meuse.

I

La Société des Amateurs naturalistes du Nord de la Meuse, instituée le 5 Juillet 1888, a pour objet l'étude et la vulgarisation des sciences naturelles.

II

Le siége de la Société est établi à Montmédy.

III

La Société est composée :

1° de Membres honoraires ;
2° de Membres titulaires ;
3° de Membres associés.

IV

Les Membres honoraires sont ceux qui, sans participer aux travaux de la Société, veulent bien lui apporter un concours matériel.

Les Membres titulaires s'engagent à concourir, par leur travail personnel, au succès de l'œuvre. Ils comprennent : 1° les membres fondateurs et tous les membres adhérents, au jour de la première assemblée générale du 11 Octobre 1888, quel que soit le lieu de leur résidence actuel ou futur ; 2° les personnes qui, habitant l'arrondissement de Montmédy, adhèreront par la suite à la Société.

Les Membres associés sont ceux qui, tout en participant aux travaux de la Société, n'habitent pas l'arrondissement de Montmédy ou l'ont quitté définitivement.

V

Nul ne peut devenir membre de la Société s'il n'en fait la demande par écrit au Président ou s'il n'est présenté par un membre titulaire. Cette demande doit être soumise à la Société dans une de ses réunions.

VI

Chaque membre de la Société payera une cotisation annuelle de *Quatre francs*, exigible dans les deux premiers mois de l'année. Le versement se fera entre les mains du Trésorier. Dans la première quinzaine de mars, il sera présenté aux membres qui n'auront pas payé leur cotisation, une traite de quatre francs plus les frais. Si cette traite est refusée, ils seront considérés comme démissionnaires.

VII

Les recettes de la Société, provenant tant des cotisations que des dons qui pourraient lui être faits sont destinés à couvrir les frais d'impression du bulletin, des circulaires, lettres de convocation, etc., l'achat des registres, les frais de poste et toute autre dépense nécessaire à la gestion de la Société. S'il existe un excédent, la Société décidera en assemblée générale à quelle destination il sera appliqué.

VIII

Les réunions de la Société auront lieu à des époques indéterminées, mais toujours le jeudi ou le dimanche ; elles se tiendront tantôt sur un point tantôt sur un autre de la région. Leur nombre ne pourra être inférieur à quatre.

Elles seront employées en excursions ou en conférences. Celles-ci ne pourront être imposées ; elles ne se feront qu'à la demande d'un ou de plusieurs membres qui désireraient traiter une question verbalement.

IX

Toutes les réunions, quel qu'en soit le but, seront des assemblées générales, et tous les membres indistinctement y seront convoqués par lettres individuelles, indiquant le jour, le lieu, et les divers objets de la réunion.

X

La Société s'interdit dans toutes ses réunions les discussions religieuses et politiques, et, en général, toute délibération sur des objets étrangers à ses travaux.

XI

Tous les membres, quel que soit leur titre, ont le droit de discussion ; les membres titulaires seuls prennent part aux votes, lesquels auront lieu par mains levées, à moins que le scrutin secret ne soit demandé par quatre membres au minimum.

XII

La Société publiera un Bulletin contenant le compte-rendu de ses réunions ou excursions, les travaux de ses membres concernant les sciences naturelles, et des articles sur les sciences accessoires relatifs à la région. Les travaux de sciences naturelles auront toujours la priorité.

XIII

Ce bulletin sera adressé à tous les membres de la Société.

XIV

La Société nomme :

1° Un bureau composé d'un Président, de deux Vice-Présidents, d'un Secrétaire général, Trésorier et Archiviste et d'un Secrétaire des séances.

2° Un Conseil d'administration et de rédaction composé du bureau et de trois membres adjoints.

XV

Ces membres sont nommés pour trois ans et sont indéfiniment rééligibles. Leurs fonctions ne cessent qu'après la nomination du bureau remplaçant.

Lorsqu'un de ces emplois sera devenu vacant soit par suite de décès, soit par démission du titulaire, le successeur sera nommé à la première réunion qui suivra et seulement pour le restant de la période triennale à courir.

XVI

Le Président dirige les travaux de la Société de concert avec le Secrétaire général, il convoque les assemblées et en règle l'ordre du jour. Il a la police des séances et ne prend pas part à la discussion, à moins qu'il ne cède la présidence à l'un des Vice-Présidents.

XVII

Les Vice-Présidents remplacent le Président, quand il est absent ou qu'il prend part aux discussions.

En cas de présence des deux, ils le suppléent alternativement suivant un tour établi en commençant par le plus âgé.

XVIII

Le Secrétaire général est chargé de préparer, de concert avec le Président, l'ordre du jour des réunions de la Société, de rédiger et de signer les lettres de convocation, les délibérations du Conseil d'administration et de rédaction, les lettres écrites au nom de la Société, et généralement de faire tous les actes qui émanent d'elle.

Comme Trésorier il perçoit les cotisations, dons, etc., faits à la Société, solde les dépenses, rend, à la première réunion annuelle, les comptes de l'année écoulée et présente le budget de l'année nouvelle.

Comme Archiviste, il a la garde de tous les manuscrits, livres, ou autres objets appartenant à la Société; il les inscrit avec un numéro d'ordre sur un registre catalogue.

XIX

Le Secrétaire des séances est chargé du compte-rendu des réunions. Il supplée le Secrétaire général, quand celui-ci est absent.

XX

Le Conseil d'administration et de rédaction, constitué comme il a été dit Art. XIV, représente la Société dans les actes qui l'intéressent, accepte ou rejette les dons, fixe les dates des réunions, examine les mémoires qui sont envoyés pour être insérés au Bulletin.

Il décide si l'insertion doit être faite *in-extenso* ou d'une façon analytique ; il la refuse, s'il y a lieu.

Il peut se réunir extraordinairement sur la proposition du Président.

Il prononce ses décisions par votes. En cas de partage, la voix du Président est prépondérante.

XXI

Les mémoires présentés à la Société pour être insérés au Bulletin doivent être inédits. Ils sont adressés au Secrétaire général.

XXII

Lorsqu'un des membres du Conseil de rédaction sera opposé à l'insertion d'un mémoire, il devra motiver son avis par écrit.

Si le Conseil partage l'opinion de l'opposant, l'avis de refus motivé sera fait au nom de tout le Conseil et joint au mémoire refusé qui sera retourné à son auteur.

XXIII

Deviennent la propriété de la Société, et sont déposés dans ses archives, les procès-verbaux des séances, les observations, mémoires, ouvrages tant imprimés que manuscrits qui seront envoyés à la Société, les dessins, gravures, planches, qui pourront y être annexés, et généralement tous les objets qui lui seront adressés. Exception est faite pour les mémoires refusés comme il a été prévu à l'art. XXII.

XXIV

La révision d'un ou plusieurs articles des présents statuts ne pourra se faire que sur l'initiative du Conseil d'administration ou sur la demande de dix membres et en Assemblée générale. Le vote pour être valable devra réunir un nombre de suffrages exprimés au moins égal aux deux tiers de la totalité des membres titulaires, et pourra se faire par lettre adressée au Président. Les modifications apportées seront soumises à l'approbation préfectorale.

XXV

En cas de dissolution de la Société, les membres qui en feraient partie à cette époque, seraient appelés à décider du mode de liquidation et de la destination à donner au fonds social. Cette destination devra toujours avoir un but se rapportant à celui en vue duquel la Société a été instituée.

CABINET
DU PRÉFET

PRÉFECTURE DE LA MEUSE.

Le Préfet de la Meuse,

Vu la demande formée par plusieurs habitants de Montmédy et de Stenay, demande ayant pour but d'obtenir l'autorisation nécessaire à la constitution régulière d'une association fondée à Montmédy sous la dénomination de : Société des Amateurs naturalistes du Nord de la Meuse ;

Vu les statuts de la dite association ;

Vu l'art. 291 du code pénal et la loi du 10 avril 1834 ;

Vu l'avis de M. le Sous-Préfet de Montmédy ;

ARRÊTE :

Art. 1er. — L'association organisée à Montmédy, sous la dénomination de : *Société des Amateurs naturalistes du Nord de la Meuse*, est autorisée à se constituer et à fonctionner régulièrement.

Art. 2. — Sont approuvés les statuts sus visés tels qu'ils sont annexés au présent arrêté.

Art. 3. — Cette autorisation est accordée à charge par les intéressés de se conformer strictement aux conditions suivantes : 1° faire administrer la Société par un comité composé de membres solidaires et également responsables de tous les frais et de tous les actes de la gestion ; solidarité et responsabilité qui devront d'ailleurs s'étendre à tous les membres de l'association ; 2° interdire toute discussion sur des questions politiques ou religieuses ; 3° n'apporter, sans l'approbation préfectorale, aucune modification aux statuts ; 4° adresser chaque année à la Préfecture, la liste de tous les membres avec les professions et adresses en regard des noms ;

Art. 4. — Cette autorisation pourra être retirée immédiatement en cas d'infraction aux statuts ou aux dispositions qui précèdent et ce sans préjudice des poursuites qui pourront être exercées en exécution de l'art. 292 du code pénal, contre les chefs, Directeurs ou Administrateurs de l'Association.

Art. 5. — Ampliation du présent arrêté sera transmise à M. le Sous-Préfet de Montmédy, qui en assurera l'exécution.

Fait à Bar-le-Duc, le 4 Février 1889.

Signé : H. SOINOURY.

Pour copie conforme :

Le Secrétaire général,

Signé : H. CHASTEL.

Pour copie :

Le Sous-Préfet,

G. FIRBACH.

L'EXCURSION DU 16 MAI 1889.

Par M. Ph. PIERROT.

Le jeudi 16 mai avait été fixé comme date de la première excursion de la *Société des Amateurs naturalistes du Nord de la Meuse.*

Treize membres seulement ont pu répondre à la convocation qui leur avait été adressée. Ce sont :

MM. Cardot, Cocu, Perrin, Rousseau, Thomas, Vauthrin et Vuillaume, de Stenay, Beauzée, Collin, Pierron et Pierrot, de Montmédy, Houzelle, de Breux et Grégoire, de Thonnelle.

MM. Schaudel et Voisard (candidat) avaient exprimé par lettres le regret de ne pouvoir être des nôtres. D'autres membres se sont fait excuser, retenus qu'ils ont été au dernier moment.

L'itinéraire, peut-être trop sommaire, indiqué aux lettres d'invitation comportait l'exploration des hauteurs d'entre Villécloye, Bazeilles et Velosnes. Le projet primitif a été quelque peu modifié, comme on va voir.

Le temps était juste à point : ni pluie, ni soleil, mais cette bonne température douce dont nous jouissons depuis le commencement de mai et qui a enfin réhabilité ce mois, depuis si longtemps déchu de sa bonne réputation.

La petite colonne d'explorateurs quitte Montmédy à neuf heures du matin et, après avoir constaté aux abords du pont de la Chiers la présence de *Lappa tomentosa* (Bardane à têtes cotonneuses) rare en bien des localités, elle abandonne la route nationale à la hauteur du hameau d'Iré-les-Prés où est faite, au bord du ruisseau, une ample récolte de *Cardamine amara* (Cardamine amère) très abondant le long de ce cours d'eau et de la Chiers, mais rare dans tout le reste de l'arrondissement, voire du département.

Chemin faisant, sont déterminés, échantillons en mains, les caractères qui différencient les *Ranunculus bulbosus*, *R. acris*, *R. repens* et *R. auricomus* (Renoncules bulbeuse, âcre, rampante et à tête d'or), toutes connues dans le pays sous le nom de *Bacinels*.

Après avoir constaté dans quelques haies, aux abords du moulin d'Iré-les-Prés, l'existence du fugace *Corydalis solida* (Corydalide solide) charmante fumariacée bulbeuse du premier printemps, qui défleurit si rapidement, on traverse ce village et l'on gagne le bois communal de Montmédy.

Un rapide coup d'œil est jeté sur le vénérable Chêne de l'Attaque, vieil arbre mutilé par les siècles et par la foudre, qui devrait son appellation à un combat qui se serait livré en cet endroit soit lors de la rivalité des Armagnacs et des Bourguignons, soit lors des guerres entre François Ier et Charles-Quint, alors que Montmédy était continuellement disputé par les deux partis ennemis ; la petite troupe contemple avec plaisir le ravissant tableau que forme l'usine du Chêne de l'Attaque avec ses ombrages et ses eaux rapides, et elle s'engage dans la forêt en remontant le ruisseau du Chabot.

Un souvenir est donné en passant au *Dipsacus pilosus*, (Cardère velu) qui croît en cet endroit, mais ne s'épanouit qu'en Juillet-Août.

Il est encore trouvé quelques pieds, déjà défraîchis, il est vrai, d'*Anemone ranunculoïdes* (Anémone renoncule) espèce rare dont se trouve en cet endroit la plus abondante station des quatre que nous lui connaissions dans la région.

Tout en cheminant, les doyens de la Société font récolter à leurs jeunes confrères *Asperula odorata* (Aspérule odorante ou *Reine des bois)*, dont les tiges desséchées exhalent une odeur qui parfume le linge ; *Arum maculatum* (Arum maculé, *Pied de veau* ou *Gouet)* en faisant connaître la propriété étrange qu'a cette plante de dégager une forte chaleur au moment de la fécondation de la fleur, contenue dans un cornet ou spadice d'où émerge la floraison en forme de chandelier.

Ils leur signalent également *Alliaria officinalis* (Alliaire officinale) à odeur d'ail très prononcée, *Valeriana officinalis* (Valériane officinale) si employée dans les maladies nerveuses et dont la racine possède une odeur forte qui a le privilége d'attirer les chats et de les faire se vautrer en contorsions grotesques.

On quitte le bois en traversant cahin-caha le lit du Chabot sur des pierres branlantes, au risque d'un bain de pied et l'on gagne Rameré, d'où l'on atteint le bois dit du Grand-Sart, en prenant le chemin de Bazeilles.

Sur les pelouses qui le bordent sont recueillis *Carex præcox*, *glauca* et *digitata* (Laiches précoce, glauque et digité) ainsi que *Polygala calcarea* (Polygala des lieux calcaires) qui orne les landes d'un si joli tapis bleu de ciel. Un ancien de la colonne en fait connaître les propriétés lactifères pour lesquelles l'usage en a été recommandé aux nourrices ; puis l'on descend à la Crânière en traversant deux bandes boisées le long desquelles existait autrefois en grande quantité le rare *Gentiana cruciata* (Gentiane croisette) qui y est presque introuvable aujourd'hui.

Arrivés à la Crânière, petite gorge solitaire entourée de bois et sillonnée par l'Othain auquel vient se mêler un minuscule torrent bondissant, nos collègues de Stenay, charmés par la beauté du site, qui est pour les montmédiens un but de promenade assez fréquenté, veulent faire une halte et apaiser les révoltes de leur estomac, mis en appétit par les longues heures de grand air qu'ils avaient déjà aspiré.

Il est fait là une assez longue station pendant laquelle les enragés du groupe vont reconnaître un petit terrain marécageux qui se trouve tout près et y trouvent les espèces suivantes : *Menyanthes trifoliata* (Menyanthe trèfle d'eau) aux si jolies fleurs rosées et plumeuses, qui malheureusement noircissent dans l'herbier, *Orchis latifolia* (Orchis à larges feuilles), qui y est comparé avec une espèce similaire, *O. mascula* (O. mâle) très fréquent dans les bois avoisinants ; *Carex flava*, *C. panicea*, *C. paniculata*, *C. stricta*, Laiches jaune, faux-panis, paniculée et raide) ; *Eriophorum latifolium* (Linaigrette à larges feuilles) non encore pourvu de ses blanches aigrettes soyeuses ; *Valeriana dioïca* (Valériane dioïque) dont les représentants mâles et femelles sont si dissemblables.

On y cherche vainement le rarissime *Sagine nodosa* (Sagine noueuse) qui y a été découvert, il y a de longues années déjà, par l'auteur de ces lignes et qui ne se montre qu'en juin-juillet, mêlé à *Linum catharticum* (Lin purgatif) et à *Euphrasia officinalis* (Euphraise officinale).

Nous aurions bien voulu aller à la recherche de *Chrysosplenium alternifolium* (Dorine ou *Cresson de roche)* charmante saxifragée jaune dans toutes ses parties, et de *Ornithogalum sulphureum* (Ornithogale couleur de soufre), qui croissent à 500 mètres de là, aux sources du ruisseau qui descend des hauteurs de Valandon à travers un bois à pentes escarpées. Quelques débutants auraient désiré faire connaissance avec cette dernière espèce dite *Asperge des bois* et qui se consomme en cette saison de l'année comme l'Asperge cultivée. (A Stenay, elle est apportée en bottes sur le marché et vendue couramment par les habitants de Baâlon, qui la trouvent en abondance dans la forêt voisine).

Mais les aiguilles des montres marchent rapidement et nous craignons que pendant cette halte agréable quelques invités ne se morfondent sur les hauteurs de Villécloye, où nous leur avons assigné rendez-vous vers dix heures alors qu'il en est déjà onze.

On quitte donc à regret ce petit coin enchanteur, pour franchir, à la Passerelle des Gardes, l'Othain gonflé par les dernières pluies qui ont changé en ondes boueuses ses eaux si limpides d'ordinaire.

On longe un bois en côte après quoi l'on gagne une longue lisière en friche qui borde le bois de Villécloye, en lieu dit le *Cul de son champ*, appellation bizarre qui rappelle la situation extrême de ce point du territoire de Villécloye. Au passage, MM. Pierrot et Cardot signalent la curieuse station d'*Euphrasia lutea* (Euphraise jaune) qui existe en cet endroit sur 500 mètres de longueur, en faisant observer que cette plante rare est restée jusqu'ici introuvable en Belgique, dont nous ne sommes pourtant distants que de trois kilomètres seulement. Malheureusement pour nos jeunes amateurs, cette espèce ne fleurit qu'en août. C'est dire qu'il n'en est pas trouvé trace, si ce n'est sous forme de tiges desséchées de l'an passé.

Au même point, se rencontrent, un peu plus tard, *Inula salicina* (Inule à feuilles de saule) et *Brunella alba* (Brunelle blanche) espèces intéressantes.

L'auteur de cette relation y a encore trouvé, mais par intermittences, *Stellera passerina* (Stellère passerine ou *Herbe à l'hirondelle)*. Nous y voyons, abondants, *Juniperus communis* (Genévrier commun), *Anemone pulsatilla* (Anémone pulsatille) en fleurs et en fruits, et *Orchis virescens* (Orchis verdâtre) non encore épanoui.

Après avoir longtemps cotoyé les bois, on débouche sur le plateau de Villécloye où, sur la foi des lettres d'invitation, MM. Geandarme et Briffaut, instituteurs à Villécloye et à Bazeilles, étaient allés nous attendre dès les dix heures du matin. Or, au moment où nous débusquons sur ce point élevé, d'où l'on découvre un vaste horizon, les cloches de Villécloye, de Montmédy et d'autres localités voisines nous apprennent qu'il est midi. Las de faire les cent pas en nous attendant, ces messieurs ont abandonné la partie, ce qui nous cause de vifs regrets que nous les prions bien instamment d'agréer.

Ne voyant personne, le groupe des explorateurs se décide à entrer sous bois pour gagner Velosnes, ce que l'on fait en suivant un ravissant chemin tout tapissé de fleurs. Tant sur les talus de la forêt que dans les jeunes taillis de 1887 et 1888 on trouve trois Luzules *Luzula vernalis*, *L. campestris* et *L. albida*, puis *Veronica serpyllifolia* (Véronique à feuille de serpolet) *Rubus saxatilis* (Ronce des rochers) espèce rare, *Orobus tuberosus* (Orobe tubéreux), trois sorbiers : *Sorbus aucuparia* (Sorbier des oiseleurs), *S. aria* (S. Allouchier) aux feuilles à retroussis blancs, et

S. *torminalis* (S. torminal ou dyssentérique) aux fruits comestibles, connus sous le nom d'*Alosses* ou *Harlosses grises*, alors que celui d'*Alosses* ou *Harlosses rouges* est réservé aux baies moins agréables au goût de l'espèce précédente.

Quelques pieds flétris de *Pteris aquilina* (Ptéride Aigle impériale) grande fougère ainsi nommée de l'aspect rappelant l'aigle autrichienne à deux têtes que retrace la section biaise de sa tige à la base, jonchent le sol en attendant le développement des pousses de l'année.

Mentionnons aussi *Alchemilla vulgaris* (Alchemille vulgaire ou *Pied de Lion*, de la forme de ses feuilles), espèce commune dans nos cantons de Montmédy et de Stenay, mais rare ailleurs au dire de Doisy, l'auteur de la vieille *Flore de la Meuse* (1835).

Quelques pieds de *Mayanthemum bifolium* (Mayanthème à deux feuilles) mêlés au suave *Convallaria majalis* (Muguet de mai) se montrent à nos investigations. Mais ils ne sont pas encore fleuris, au vif regret de ceux qui voudraient bien récolter cette charmante asparagée.

On sort enfin du bois, d'une traversée de deux kilomètres environ et un autre coup d'œil apparaît, ainsi qu'il arrive à chaque tournant de côteau dans le pays si mouvementé dont Montmédy est le centre.

On s'interroge et l'on met aux voix le point de savoir si l'on fera ou non l'ascension de la côte de la Romanette. Les plus ingambes opinent pour l'affirmative, et tandis que quelques-uns vont remplir l'office de fourriers et commander à Velosnes la traditionnelle omelette, le gros de la troupe se remet en route et après avoir laissé à gauche le vieux château féodal de Laval, aujourd'hui converti en ferme, il escalade les flancs de la Romanette, en constatant chemin faisant la présence de nombreux pieds de *Sedum fabaria* (Orpin ou *herbe aux coupures*, ainsi dénommée à cause de ses propriétés vulnéraires) et en ramassant quelques *Pectens*, coquillages fossiles dont M. Houzelle nous signale l'abondance en cet endroit.

On arrive sur l'escarpement de la Romanette (côte 352

mètres) et, après avoir récolté *Alyssum calicinum* (Alysson calicinal) et côtoyé de vigoureuses touffes de *Buxus sempervirens* (Buis) on se repose un peu en se livrant à l'examen des lieux.

Un ancien camp romain couronne le faîte de cette colline, presque isolée de tous côtés, d'une ellipse flanquée de retranchements encore bien visibles ; on y voit de nombreux éclats de poterie et de tuiles et à chaque instant la pioche ou la charrue y ramène d'anciennes monnaies, le tout justifiant ainsi l'appellation donnée à cette hauteur qui domine le chemin de fer et du sommet de laquelle on jouit d'un agréable point de vue.

Enfin la petite troupe redescend en hâte en suivant l'arête escarpée de la colline et après avoir salué au passage les gigantesques feuilles de *Petasites officinalis* (Petasite officinal) que l'on aperçoit de loin, sur le déversoir du moulin de Torgny, elle vient rejoindre à Velosnes, en vue d'une restauration commune, les amis qui ont pris les devants et qui ont poussé une pointe jusqu'au village belge de Torgny distant seulement d'un kilomètre de Velosnes, dont il est séparé par la Chiers.

Là nous trouvons M. Guilmart, conducteur des Ponts-et-Chaussées à Stenay, en service dans ces parages et M. Simon, instituteur à Nepvant, lequel nous fait part de la déconvenue fâcheuse de ses deux confrères de Bazeilles et Villécloye, qui nous ont attendus vainement pendant une heure sur le plateau de Villécloye.

M. Girard, instituteur à Velosnes, vient nous faire part de ses regrets de ne pouvoir être des nôtres au dîner, en raison des occupations urgentes auxquelles il a à faire face ce jour-là. (Vente d'une coupe de bois communale).

On dîne d'un repas frugal, assaisonné de bonne humeur. Mais le temps s'écoule et le train passe de bonne heure ; à 4 heures 40, la colonne escalade un wagon de la Compagnie de l'Est pour descendre mi-partie à Montmédy, mi-partie à Chauvency, d'où nos collègues de Stenay regagneront leur domicile en voiture.

Conclusion : la journée a été bonne et fructueuse ; les

boîtes de fer blanc étaient garnies d'espèces nouvelles pour beaucoup d'entre nous. Il est fâcheux seulement qu'il n'y ait eu cette fois que des botanistes et nous avons regretté l'absence de ceux des associés qui s'occupent de géologie et d'entomologie.

SÉANCE DU 16 MAI 1889.

Les membres présents de la *Société des Amateurs naturalistes*, au nombre de treize, se sont constitués en séance à Velosnes, le jeudi 16 mai, à 3 heures après-midi.

Après un entretien familier sur la situation de l'Association, ont été présentés :

1° Comme membres actifs :

M. Jules Drappier, négociant et conseiller général à Stenay, présenté par MM. Perrin et Vuillaume ;

M. Voisard, fondé de pouvoirs à la recette des finances de Montmédy, présenté par MM. Pierrot et Houzelle ;

M. Louis Bailleux, vétérinaire à Montmédy, présenté par MM. Cocu et Pierrot ;

M. Louis Henry, commis des postes et télégraphes à Stenay, présenté par MM. Vuillaume et Perrin ;

M. Théophile Errard, juge de paix à Dun, présenté par MM. Pierrot et Célice ;

M. Gœuriot, instituteur à Fresnois-Montmédy, présenté par MM. Houzelle et Lepointe ;

M. Edmond Cordonnier, de Stenay, élève à la Faculté des sciences et à l'Ecole vétérinaire de Lyon, présenté par MM. Cocu et Neveu ;

M. Guilmart, conducteur des Ponts-et-Chaussées à Stenay présenté par MM. Perrin et Vuillaume ;

M. Simon, instituteur à Nepvant, présenté par MM. Vuillaume et Houzelle.

2° Comme membres correspondants :

M. Berteaux, ancien inspecteur des écoles à Montmédy et à Bar-le-Duc, inspecteur honoraire à Bar-le-Duc, présenté par MM. Pierrot et Pierron ;

M. Thiriet, professeur au collége de Sedan, conservateur du Musée de cette ville, présenté par MM. Pierrot et Cardot.

Ces Messieurs sont admis à l'unanimité, et la Société se félicite d'avoir recruté autant d'honorables nouveaux membres.

Leur admission porte à 69 le chiffre-total des membres actuels de l'Association.

Il est ensuite décidé que la prochaine excursion aura lieu le Jeudi 6 Juin, sur la rive gauche de la Meuse, entre Dun, Fontaines, Haraumont et Sivry-sur-Meuse.

Le Président,

PH. PIERROT.

Le Secrétaire des séances,

A. VUILLAUME.

LA GENÈSE

Note présentée à la *Société des Amateurs naturalistes du Nord de la Meuse*

Par M. J. COCU.

Compris comme dans l'Ancien Testament, ce titre serait bien vaste, et son étude devrait embrasser les *origines premières* de l'univers tout entier ; mais une telle question est en dehors du domaine de notre compétence et sortirait du cadre du programme que nous nous sommes tracé.

Nous nous restreindrons beaucoup plus, et, de la Genèse, considérée dans son sens le plus large, nous n'envisagerons qu'un seul chapitre. Ce sera celui qui a trait aux nombreux organismes qui ont peuplé ou peuplent encore la surface de notre planète, qu'ils égaient tant par la diversification qu'ils apportent aux différents points où peuvent s'attacher nos regards.

Partout, en effet, nous rencontrons des êtres vivants ou des êtres qui l'ont été ; partout le monde inorganique fournit aux premiers l'espace et la vie, depuis la couche azurée qui nous environne jusqu'aux immenses profondeurs des mers, des glaces polaires aux sables arides de l'équateur.

Rationnellement, la première question qui se pose à l'esprit de quiconque veut aborder l'étude des sciences naturelles est celle-ci :

Comment cela s'est-il fait ? Comment cela se perpétue ?

Questions ardues toutes les deux et auxquelles il est bien difficile de répondre. A la première donnera-t-on jamais une solution certaine ? — J'en doute. — A la seconde ? — Peut-être : car l'étude de l'embryologie, bien qu'incomplète encore, ne laisse pas que d'être déjà assez avancée.

Pour le moment, nous ne nous occuperons que de la première question, et n'envisagerons que les différentes doctrines, les diverses hypothèses qui ont été émises sur ce sujet.

L'origine première des êtres est de l'histoire ancienne, très ancienne même, remontant peut-être à des milliards d'années. Il est impossible, par conséquent, de l'étayer de preuves testimoniales. Quant aux *parchemins* qui pourraient nous renseigner, ils sont souvent hiéroglyphiques et toujours incomplets.

Ce chapitre des sciences naturelles fut un des plus controversés, surtout depuis ces dernières années, et aujourd'hui encore il divise les savants en deux camps nettement tranchés : les *Créationistes* et les *Transformistes* ou *Evolutionistes*.

Ce sont les doctrines de ces deux écoles opposées que nous allons succinctement examiner.

L'hypothèse d'une création, parfaitement en rapport avec une croyance en Dieu, a été pendant longtemps la seule acceptée par les savants.

Elle fut formulée pour la première fois par Moïse, qui nous dit, dans la Genèse, que « le Seigneur Dieu, après « avoir séparé la terre des eaux, créa d'abord les végé- « taux, puis les animaux en commençant, pour ces der- « niers, par les habitants de l'air et de l'eau, pour finir par « l'homme qu'il forma à son image. »

La théorie mosaïque de la Création, antérieure de quinze cents ans au Christ, acceptée encore presque dans son entier, dix-sept siècles après l'ère chrétienne par Linné, et plus tard par Cuvier, nous montre déjà que l'apparition des êtres vivants se fit d'une manière successive et en suivant un perfectionnement sans cesse progressif.

Cette division du travail et ce perfectionnement progressif de l'œuvre, sont deux faits parfaitement exacts et acceptés par toutes les doctrines.

Linné adopta presque dans son entier, avons-nous dit, l'explication biblique et crut à la toute-puissance du Créateur, qui, d'après lui, créa un couple de chacune des espèces qui possèdent un mâle et une femelle et seulement un individu pour celles qui sont hermaphrodites.

Acceptant même plus complètement la doctrine du législateur juif, il croit que toutes les espèces animales ont péri dans le déluge, à l'exception des seuls couples sauvés par Noé. Il explique comment des animaux, vivant actuellement sous des climats tout à fait opposés, ont pu persister temporairement sur le mont Ararat, grâce aux diverses altitudes où ils pouvaient se localiser, les espèces des zones glaciales grimpant au sommet, celles des zones tempérées élisant leur domicile à mi-côte, et enfin les animaux équatoriaux descendant au pied de la montagne et dans la plaine.

Cuvier, qui fut postérieur à Linné, défendit avec acharnement les doctrines créationistes contre celles de l'école opposée qui commençaient à éclore de son temps ; aussi est-il considéré à juste titre comme le chef d'une école qui ne fut pas sans briller d'un vif éclat.

Ce célèbre naturaliste, qui venait de faire faire un grand pas à la science par son étude des vertébrés fossiles, nous explique, dans son livre sur les *Révolutions du globe*, comment les espèces éteintes ont dû être anéanties par quelque grand cataclysme, qui a nécessité une autre création plus parfaite et plus en rapport avec les nouvelles conditions d'existence.

Il avait aussi remarqué que les espèces fossiles, enfouies dans les profondeurs des couches géologiques, s'éloignaient d'autant plus des formes actuelles que ces couches étaient plus anciennes.

Comme corollaire de sa théorie des grands cataclysmes, des révolutions subites, il n'admettait pas que l'on pût trouver de nouveaux spécimens des types détruits, dans les formations supérieures. Pour lui, les fossiles étaient caractéristiques des terrains où on les avait rencontrés. Cette hypothèse fut reconnue fausse depuis et sa théorie des grands cataclysmes ruinée de fond en comble par le géologue Lyell qui y substitua celle des *causes actuelles*.

Le fait des révolutions subites amenant d'immenses bouleversements sur l'écorce de notre globe, ne peut cependant être mis en doute. Les périodes historiques nous en fournissent des exemples tangibles dans ces éruptions volcaniques et ces tremblements de terre assez violents pour détruire des villes entières.

Les époques préhistoriques nous en donnent une autre preuve dans ces amas de poissons réunis en des positions si bizarres et si différentes, au milieu des strates *discordantes* de certains terrains. Leur pêle-mêle nous indique que quelque effroyable révolution est venue redresser soudainement les secondes et frapper de mort les premiers.

L'erreur de Cuvier fut de trop généraliser. Les révolutions furent locales, et les organismes frappés de mort périrent par *familles* et non par *espèces*.

Nous arrivons maintenant à nos jours ; car il n'y a que quelques années qu'un naturaliste suisse, L. Agassiz, se jeta à corps perdu dans la lutte et entreprit de sauver ce qu'on pourrait appeler l'école théologique de la formation des espèces.

De toutes parts, en effet, de rudes coups venaient d'être portés au Créationisme par Lamarck, Darwin, Hœckel, etc.

Devenu célèbre par sa théorie des glaciers et par ses études sur l'âge glaciaire, il avait une incontestable autorité, et les transformistes craignaient beaucoup ses objections à leurs idées, objections qui, ils le reconnaissaient eux-mêmes, n'étaient pas toujours dénuées de fondement.

Dans un livre traduit en français sous ce titre : *De l'espèce et de sa classification en Zoologie*, L. Agassiz explique l'origine des espèces par des créations successives, en rapport avec les conditions d'existence dans lesquelles les créatures devaient se trouver placées.

Il rejette formellement l'hypothèse linnéenne d'une création par couples ou par individus isolés, seuls représentants de leur espèce.

Pour lui, au contraire, à chaque révolution, les espèces sont créées en masse et leurs représentants sont légion, de sorte que le coup d'œil général du monde change aussi subitement et d'une manière aussi complète à l'ordre du Créateur, qu'un décor au coup de sifflet du machiniste.

Les théories créationistes que nous venons de passer très rapidement en revue, toutes subordonnées à la croyance absolue en un Dieu créateur, étaient loin de satisfaire tous les esprits. Aussi certains savants, plus libres, cherchèrent-ils à se dégager de cet absolutisme et à expliquer la genèse primordiale des êtres d'une façon plus.... naturelle.

A la fin du dix-huitième siècle, quelques auteurs, Maillet, écrivain français, et Erasme Darwin, grand-père de Ch. Darwin, avaient déjà attaché le grelot et mis en doute le dogme de l'immutabilité des espèces. Leur voix resta sans écho.

Au commencement du dix-neuvième, Lamarck, en France, et Gœthe, en Allemagne, émettaient des idées analogues. Ce fut avec un immense intérêt que Gœthe suivit une discussion engagée à ce sujet devant l'Académie des sciences de Paris par Cuvier et Geoffroy-St-Hilaire.

Cuvier était alors dans sa toute-puissance et la victoire lui resta. Telle était alors la force de sa doctrine qu'un important travail de Lamarck était passé presque inaperçu et oublié.

Dans cet ouvrage, publié en 1801, l'auteur avait affirmé d'une façon précise la mutabilité de l'espèce et fondé la *théorie de la descendance*.

Il admet, dans sa *Philosophie géologique*, que les espèces actuelles dérivent d'un petit nombre de formes ancestrales, nées, elles, par génération spontanée ; que ces espèces ont dû se modifier dans la suite, pour mieux s'adapter aux milieux nouveaux et aux conditions d'existence nouvelles, dans lesquelles elles avaient pu se trouver placées, au cours des différentes époques géologiques.

C'est ainsi que, montrant l'égalité de nombre des vertèbres cervicales de la girafe et de l'éléphant, il explique la morphologie différente de leur encolure par le tiraillement perpétuel des vertèbres de la première et une modification harmonique des muscles, lorsque cet animal cherchait à brouter les hautes feuilles des palmiers.

La différenciation morphologique que cette gymnastique fonctionnelle déterminait, trop peu sensible pour être notée sur un individu, le devenait assez, après un nombre plus ou moins grand de générations, pour déterminer cette longueur démesurée de l'encolure.

Cette théorie de l'adaptation de l'organisme à son milieu prend le nom de Lamarckisme, en l'honneur de celui qui l'a émise le premier.

Elle ne rapporta pas grand avantage matériel à son auteur, si nous en croyons l'anecdote suivante :

A une observation de Napoléon, lui faisant remarquer que dans son livre il n'y avait pas place une seule fois pour le mot Dieu, Lamarck répondit qu'il avait très bien expliqué les choses sans cette hypothèse. Cette réponse, faite sur un ton un peu sec, lui aliéna les bonnes grâces du tout puissant empereur.

Si l'œuvre de Lamarck et la doctrine qu'il y exposait passèrent inaperçues, il n'en fut pas de même du livre que publia, un demi siècle plus tard, un naturaliste anglais devenu si célèbre depuis : j'ai nommé Ch. Darwin et « *L'Origine des espèces* ».

La première édition anglaise de ce livre parut en 1859. Elle était le résultat de patientes recherches que l'auteur avait faites et des nombreuses observations qu'il avait recueillies, pendant de longues années, dans toutes les parties du monde, et qu'il synthétisait en quelque sorte.

Darwin, dans son livre, parle du Créateur, sans parler de création. Comme son devancier Lamarck, il fait descendre les espèces actuelles de quelques prototypes ancestraux, peut-être même d'un seul. Mais il glisse à dessein sur l'origine de cette première forme.

Il répugnait sans doute à cet esprit observateur, qui ne s'était jamais trouvé en face de la génération spontanée, d'admettre une hypothèse qu'il n'avait pu vérifier.

S'il eût donné une telle explication, il eût pu craindre cette objection : qu'il n'est pas plus difficile de l'accepter pour des milliers de types que pour un seul.

Ou bien, l'idée de génération spontanée excluant celle d'un but, d'un plan préconçu, d'un déterminisme quelconque, lui paraissait-elle en contradiction avec l'admirable harmonie qui règne dans la nature.

Comme je le disais plus haut, Darwin admet que les espèces actuelles dérivent de quelques formes primitives, peut-être même d'une seule, par transformations successives, se répétant à chaque génération, les caractères accidentellement acquis par les générateurs devenant héréditaires et se léguant à leur descendance. Tout en tenant un grand compte de la théorie de l'*Adaptation*, formulée par Lamarck, il la relègue au second plan, et c'est à la *Sélection naturelle* ou *persistance du plus apte*, qu'il attribue le rôle le plus important dans la modification des types spécifiques.

Partant de l'idée malthusienne de l'accroissement des populations suivant une progression géométrique, il démontre que bientôt il n'y aurait plus place au « banquet de la vie » pour les nombreux compétiteurs qui engageront alors la « lutte pour l'existence », et que ceux-là seuls persisteront qui seront les mieux armés. Il y aura des prédateurs et des proies, des mangeurs et des mangés ; des espèces deviendront carnivores et feront aux autres une guerre acharnée.

Pour s'emparer de sa proie, le carnassier devra posséder des sens exercés qui la lui décèleront de loin : sa vue deviendra perçante, son odorat délicat, son ouïe développée ; il devra avoir le courage et la force nécessaires pour l'attaquer en face, ou être assez rusé pour lui tendre des embûches et la surprendre. Sa gueule sera assez forte pour la tuer et ses griffes assez acérées pour la déchirer. Aussi ses mâchoires seront-elles puissantes, et mues par des masséters et des crotaphites énormes ; ses griffes deviendront rétractiles, et il pourra les loger dans une gaîne, sorte de fourreau, qui les protègera contre l'usure du chemin.

Pour échapper à un aussi terrible adversaire, rarement l'herbivore aura recours à la force, il opposera la ruse à la ruse ou se dérobera par la fuite ; et il aura d'autant plus d'espoir de réussir qu'il sera plus rusé ou plus agile.

Les individus ou les espèces qui possèderont des particularités anatomiques, physiologiques, instinctives ou intellectuelles, leur permettant de soutenir avantageusement cette lutte, seront les seuls qui persisteront ; les autres iront grossir le nombre des fossiles.

Parmi les premiers, il est facile de comprendre que les mieux armés, les mieux nourris, les plus forts auront, surtout quand il s'agira des mâles, bien plus de chances de transmettre à leurs descendants les particularités qui leur auront assuré la victoire, leurs armes en un mot.

C'est qu'ici, en effet, à côté de la sélection naturelle, Darwin fait intervenir un facteur important : *la sélection sexuelle.* C'est surtout dans sa *Descendance de l'homme*, postérieure de quelques années à l'*Origine des espèces*, qu'il s'appesantit sur ce chapitre, auquel il consacre une importance énorme.

Chez les oiseaux, par exemple, il nous montre l'influence qu'exercent, sur les femelles, lorsqu'elles sont sur le point de faire choix d'un mâle, les brillantes couleurs qui émaillent la parure de noce de celui-ci, ou encore les suaves harmonies de son chant. Il nous fait voir aussi les combats que se livrent, en présence des femelles, les mâles de certaines espèces polygames devenus guerriers à l'époque des amours, combats se terminant quelquefois par la mort de plusieurs combattants et toujours par le choix du plus fort, du plus vigoureux, du vainqueur en un mot, comme reproducteur de l'espèce ou de la race.

Le premier livre de Darwin fut publié avec une certaine hésitation. Ses idées, déjà connues par quelques publications dans les feuilles périodiques ou par des communications à des sociétés savantes, n'étaient pas acceptées par la majorité des naturalistes de cette époque. Il mettait surtout sa confiance dans les jeunes, qui, disait-il, moins liés aux anciennes doctrines, pourraient mieux juger.

Dans la théorie de la descendance, le point de vue le plus intéressant pour nous était assurément l'origine de l'homme. *(Homo sapiens L.)*

Bien que son opinion fût faite lors de la publication de la première édition anglaise de l'*Origine des espèces*, Darwin n'osa encore aborder ce sujet. Il laissa seulement entrevoir, à la fin de son livre, « la lumière que la doctrine de l'évolution pourra jeter sur l'histoire de l'homme. »

Ce n'est que plus tard, lorsqu'il eut vu se rallier à sa doctrine la grande majorité des naturalistes actuels, et qu'il eut été témoin de l'accueil fait aux éditions successives de son livre, que Darwin publia la *Descendance de l'homme*, ouvrage dans lequel il nous fait dériver de formes ancestrales plus simples, et plus récemment de simiens anthropomorphes.

La *Descendance de l'homme* n'est en quelque sorte que l'application des idées émises auparavant dans l'*Origine des espèces.*

Avant de passer outre, nous devons dire qu'au célèbre naturaliste anglais seul ne revient pas le mérite d'avoir mis en relief l'importance de la sélection naturelle. Simultanément, un de ses compatriotes, Wallace, communiquait à la Société linnéenne des idées analogues basées sur des faits d'observation qui lui étaient personnels.

Le Darwinisme amena une véritable révolution dans les sciences naturelles.

Il fut d'abord combattu avec acharnement ; mais bientôt il se fit une réaction en sa faveur, et la plupart des jeunes naturalistes se rallièrent avec enthousiasme à la théorie de la descendance.

Au premier rang des admirateurs de Darwin et de sa doctrine, il faut citer Ernest Hæckel, d'Iéna, qui, dans plusieurs ouvrages célèbres, entre autres sa *Morphologie générale*, son *Anthropogénie, ou histoire du développement de l'homme*, puis enfin et surtout dans son *Histoire de la Création naturelle*, s'attacha à démontrer la justesse d'une théorie, selon lui « aussi grandiose que la théorie newtonienne de la gravitation. »

Plus hardi que son maître, il complète l'œuvre en s'efforçant de combler certaines lacunes dont nous avons déjà parlé et que Darwin avait laissées avec dessein. Il explique ou cherche à expliquer, dans sa « théorie des plastides », d'une façon scientifique, la génération spontanée des premières formes ancestrales d'où, par transformation, sont sorties toutes les autres.

Repoussant absolument l'idée d'une création pour les prototypes, comme étant en opposition avec toute conception scientifique, il donne leur formation spontanée, au début des périodes géologiques, comme s'étant faite aux dépens de composés albuminoïdes du carbone, dans des conditions qui nous sont inconnues et que nous n'avons encore pu reproduire expérimentalement.

« C'est, dit-il, uniquement dans les propriétés spéciales, physico-chimiques du carbone, et surtout dans la semi-fluidité et l'instabilité des composés carbonés albuminoïdes, qu'il faut voir les causes mécaniques des phénomènes de mouvement particuliers, par lesquels les organismes et les inorganismes se différencient et que l'on appelle dans un sens plus restreint *la vie.* »

Comment peut se faire cette génération spontanée ? Selon lui, de deux manières, qui, il l'avoue, n'ont *jamais* été constatées, mais qu'il accepte cependant, l'*Autogonie* et la *Plasmagonie*, qu'il définit ainsi :

1° *L'Autogonie* est la formation d'un organisme très simple, dans une solution inorganique contenant à l'état de dissolution des composés stables pouvant se combiner pour former des matières carbonées organisables.

2° *La Plasmagonie*, au contraire, serait la génération spontanée de ces mêmes organismes, dans un liquide organique, c'est-à-dire dans un liquide contenant, par exemple, des matières albuminoïdes toutes formées.

Peut-être, dit-il, la génération spontanée donne-t-elle naissance à l'étrange *Bathybius Hæckelii*, découvert par Huxley dans les mers profondes où il se présente sous forme d'immenses traînées de matière protoplasmique amorphe et de consistance gélatineuse. Ces traînées, anastomosées en tous sens, constituent un réticulum de forme sans cesse variable qui se meut, qui se nourrit, qui vit en un mot.

Qu'une parcelle microscopique de cette matière protoplasmique vienne à s'isoler de la masse, à prendre une forme plus ou moins sphéroïdale, et elle constituera une *monère*, un de ces protozoaires si simples, de ces organismes sans organes, qu'il regarde comme la souche primitive de l'arbre généalogique des végétaux et des animaux.

Dans l'exposé de la doctrine, l'élève va plus loin que le maître. Non seulement il professe la communauté d'origine, la consanguinité de tous les organismes, mais encore que les espèces actuelles, quelles qu'elles soient, repassent, au cours de leur évolution embryologique, de leur *Ontogénie*, par les stades différents que le groupe, ou *Phyle*, tout entier a dû traverser pour s'élever de sa souche primitive au degré de perfectionnement qu'il a atteint actuellement.

En un mot, l'*Ontogénie*, ou développement individuel, n'est que la reproduction abrégée, raccourcie, mais fidèle, de la *Phylogénie*, évolution des *Phyles* ou groupes consanguins. Ainsi l'homme, parti comme les autres animaux, des monères, repasserait par cet état lorsqu'il n'est encore qu'à l'état d'ovule et ensuite par les stades intermédiaires qui séparent cette forme si simple de celle qu'il occupe au sommet de l'échelle des mammifères.

Cette dernière hypothèse d'Hæckel, basée sur des analogies forcées, n'a rencontré que peu d'adhérents; car, par exemple, l'embryologie des vertébrés nous montre que toujours leur système nerveux est au-dessus et jamais au-dessous du canal intestinal, comme cela a lieu chez certains types inférieurs; qu'avant d'avoir des poumons, jamais leur fœtus ne possède de branchies; qu'enfin, comme l'a dit Colin (1) avec juste raison, « dans chaque espèce,

(1) G. Colin. Physiologie comparée des animaux. Tome I, 2e édition.

« l'individu se développe suivant le plan virtuel de son « organisation définitive, comme l'esquisse, sous la main « du dessinateur. »

Telles sont, en l'état actuel de la science, résumées aussi succinctement et aussi fidèlement que possible, les diverses opinions émises au sujet de la Genèse primordiale des êtres. Nous avons écarté avec soin toute discussion qui eût pu trahir nos préférences personnelles, laissant au lecteur le soin de méditer, d'augmenter ses renseignements aux sources que nous avons indiquées, s'il veut éclairer sa religion sur ce point ou en adopter une.

Décembre 1888.

CHASSE, PRÉPARATION ET CONSERVATION DES COLÉOPTÈRES.

Par M. H. BERTRAND.

Il n'est pas de moyen d'employer ses heures de loisir plus innocent et plus utile en lui-même, que de se livrer à l'étude de la nature.

L'Entomologie, cette science qui traite de l'organisation et des mœurs des insectes, est particulièrement attrayante.

Pour les esprits superficiels, ces êtres charmants ne sont, à part les quelques espèces que l'homme a su utiliser, que des animaux inutiles ou malfaisants. Ceux-là ignorent les merveilleuses lois qui les régissent et ne se doutent pas du rôle important que cette classe d'animaux joue sur notre globe.

« O Sagesse infinie, s'écrie Léon Dufour, en jetant avec

profusion sur notre planète ce peuple immense des insectes, en assignant à chaque famille, à chaque groupe sa nourriture, son genre de vie, en les dotant d'une organisation conséquente à ce triple but, tu n'as pas dédaigné de les faire concourir aux sublimes harmonies qui régissent l'univers.

« Laissons donc tant d'hommes qui ne sont pas appelés à te comprendre, décrier les œuvres qu'ils ne peuvent connaître, et poursuivons avec ardeur l'étude de tes plus minimes productions, parce que c'est là précisément que ton génie nous révèle tes plus sublimes conceptions. *Natura maxime miranda in minimis.* »

Sans nous préoccuper de ses applications à la vie matérielle, à l'industrie, l'étude de cette science développe chez l'homme le goût de l'observation ; non-seulement elle le soustrait à l'oisiveté, source de tant de maux, à l'ennui et à ses tristes conséquences, mais elle est salutaire au corps et à l'esprit ; mieux que toute autre, elle agit snr nos sens en aiguisant la vue, en donnant de l'adresse à la main par l'habitude de toucher des objets délicats.

Enfin, il n'est pas de moyen plus hygiénique que de parcourir les campagnes, observant, recueillant ces petits êtres, et de faire succéder cet exercice aux travaux sédentaires.

Au point de vue moral et religieux, elle a aussi ses avantages, car elle nous porte à admirer la puissance et la prévoyance de Celui qui les a créés.

Le philosophe Malebranche assurait qu'il y a plus de science à acquérir dans l'étude d'un seul insecte, que dans la lecture de la plupart des livres enfantés par l'esprit humain. Et, tandis que Clarke et Newton prouvaient l'Etre suprême par les soleils et les mondes, le théologien Lesser fondait son *Traité de l'existence de Dieu* sur l'étude des insectes, et c'est dans celle-ci que Salomon recherchait la sagesse et les sublimes vérités.

Cette science offre aussi l'immense avantage d'être à la portée de tous et de toutes les fortunes.

Pour commencer son étude, peu d'instruments sont nécessaires, et il n'est pas besoin de s'expatrier, ni de parcourir les plaines dangereuses ou les sables brûlants des déserts. Les sujets d'observation se rencontrent partout, dans les champs, les bois, les eaux et même dans nos maisons. Il n'est pas de région du globe qui soit privée d'insectes, ni un coin de la surface de la terre où le naturaliste ne puisse se livrer à ses travaux et faire d'incessantes récoltes.

Ces récoltes, dont nul ne peut se priver sont indispensables pour former une collection d'étude.

En effet, il ne suffit pas d'observer les insectes dans la campagne et de les examiner un instant, leur multitude et leur variété auraient bientôt troublé nos souvenirs, et le plaisir passager de nos recherches serait sans fruit.

C'est par la comparaison que nous acquerrons des notions précises ; il est donc absolument nécessaire, à mesure que nous en aurons examiné quelques-uns, de les conserver avec ordre en inscrivant au-dessous de chacun d'eux le nom qu'on est convenu de leur donner.

Cette collection n'est pas destinée à charmer les yeux, mais à fournir des moyens d'étude.

Pour la commencer, mettons-nous donc en chasse sans plus tarder. Parcourons les champs, les côteaux, les forêts, suivons le cours ombragé des ruisseaux et les rives des fleuves ; cherchons, observons, et nous serons largement récompensés.

Mais avant de partir pour la chasse, il faut nous munir de quelques instruments fort simples, peu coûteux, que chacun peut construire au besoin.

Le plus important est le filet, dit *Filet fauchoir*. Il se compose d'un sac en toile solide, de cinquante à soixante centimètres de profondeur, fixé à un cercle de fil de fer résistant, de trente à trente-cinq centimètres de diamètre, attaché solidement à un manche de la grosseur du pouce, une canne légère par exemple.

Pour s'en servir, on le passe rapidement sur les plantes comme font les faucheurs, en le présentant horizontalement avec son ouverture perpendiculaire, mais assez vigoureusement pour que les insectes se détachent des plantes et tombent dans le sac. C'est ce qu'on appelle *faucher*. De temps en temps on visite le filet en le renversant sur une nappe ou un journal pour chercher plus à son aise les insectes qui s'y trouvent.

Ce filet peut aussi servir à pêcher les insectes aquatiques ; mais il vaut mieux avoir un filet particulier pour cette chasse, et remplacer la toile par un canevas assez lâche tout en donnant plus de solidité à la monture.

Certains entomologistes emploient, au lieu du filet, un *parapluie* de couleur claire. En secouant les branches d'arbres, en battant les haies et les buissons au-dessus, on capture, il est vrai, bon nombre d'espèces, mais rien ne remplace le filet qui sert principalement à visiter les herbes et les plantes basses, sur lesquelles le parapluie n'a aucune prise.

Les petits insectes ainsi récoltés seront mis dans des tubes en verre un peu épais ; les gros, et notamment les Carabiques seront jetés dans un flacon d'esprit de vin, et les autres dans un flacon à large goulot rempli de tortillons de papier non collé. Quelques gouttes de benzine ou de chloroforme versées sur un petit tampon de coton placé dans la partie du bouchon libre dans la bouteille et fixé par une épingle, assurent leur mort rapide et les empêchent en tout cas de se nuire.

Il faut se munir en outre de flacons en quantité suffisante ; d'une petite boite liégée pour y piquer les espèces délicates ; d'épingles assorties, les N°s 3, 4, 5 et 6 nous semblent les plus commodes, et très suffisants pour tous les insectes que l'on peut piquer ; de pinces à pointes fines pour saisir les insectes dans les trous où l'on ne pourrait les prendre avec les doigts ; d'une bonne loupe, d'un écorçoir ou d'un bon couteau. On peut aussi y joindre un tamis pour les fourmilières, ou les feuilles mortes.

Tel est le bagage suffisant au coléoptériste.

Le débutant en entomologie doit, en commençant, recueillir tous les insectes qui lui tombent sous la main, car ce n'est jamais au premier coup d'œil que l'on est sûr de l'identité de l'espèce qu'on rencontre. Du reste, il est toujours temps de mettre de côté ce qu'on ne veut pas garder; et il faut réserver des doubles pour l'étude et les échanges.

On peut chasser toute l'année, et si l'hiver est une saison peu favorable, il n'y a que pendant les grands froids qu'une chasse pourrait être infructueuse.

Dans notre département, c'est pendant les mois d'Avril, Mai et Juin que les insectes se montrent en plus grand nombre; ils disparaissent pendant les grandes chaleurs de l'été pour apparaître de nouveau en Septembre et Octobre.

Cependant dès le mois de Février, quand le temps est doux, on peut chasser avec profit, sous les mousses, sous les pierres, et surtout ls long des rivières, lorsque, après une inondation, les eaux commencent à se retirer. On prend souvent à cette époque et dans ces circonstances, des insectes que l'on ne rencontre presque jamais autrement. Ce sont surtout les Carabiques et les Staphylins qui abondent dans les détritus; on y rencontre aussi quelques Psélaphiens.

Les Carabiques se trouvent partout: dans les bois, dans les champs, les prés, les jardins, les chemins, sous les pierres, les vieilles écorces, dans la terre, et plus souvent dessus. Mais c'est dans les bois chauds et sablonneux qu'il faut chercher les plus grandes et les plus brillantes espèces, tels que les Calosomes.

Les Dytiscides, les Hydrophilides, les Gyrinides, se pêchent dans les eaux, les mares, les ruisseaux. Il faut prendre les grands Dytisques avec précaution, parce qu'ils mordent jusqu'au sang les doigts imprudents qui cherchent à les saisir. Mais que la victime se rassure vite, aucun coléoptère n'est dangereux; ils n'occasionnent qu'une simple morsure dont la douleur se dissipe très rapidement.

Les Staphylins mordent aussi, mais les grandes espèces seulement. Ils se trouvent principalement dans les fumiers, les charognes, en compagnie des Histérides, des Sylphoïdes, des Nécrophores, etc., etc.; cependant quelques petites espèces vivent sur les fleurs.

Les Buprestides se cherchent sur le bois mort, les arbres, les fleurs.

Les Cryptophagiques sont répandus dans les caves, les celliers, sous les débris végétaux, dans l'intérieur des champignons.

Les Lycoperdina ne se rencontrent qu'en automne dans l'intérieur du *Lycoperdon bovista*, avec le *Pocadius ferrugineus*; ils sont tellement recouverts par les spores du champignon qu'on ne les trouve qu'en palpant cette poussière.

Les Dermestides vivent dans les substances animales desséchées, dans les vieux meubles, les pelleteries, quelquefois sur les fleurs ; les Scarabéides, dans le fumier et d'autres matières corrompues ou en décomposition.

Dans les excréments on trouve les Bousiers, les Aphodies, les Géotrupes ; dans le tan, les Oryctes ; sur les feuilles des arbres, les Hannetons ; sur les fleurs des ombellifères, des rosiers, les Cétoines, les Trichies, etc.

Les Lucanides se cherchent dans les creux d'arbres, sur les arbres abattus ou dans la terre au pied de leur tige.

Ils volent dans les belles soirées d'été et il est facile de les abattre. Il est indispensable de les mettre à part, ou de les faire mourir séparément, car ils sont d'une force prodigieuse et brisent tous les insectes qui se trouvent avec eux.

Les Curculionides ou Rhyncophores attaquent les céréales, les tissus ligneux et herbacés d'un grand nombre de végétaux ; ils se capturent sur les plantes qui leur servent de nourriture.

Les Xilophages vivent dans le bois et font un très grand tort aux plantations, aux forêts. C'est là qu'on doit aller les chercher, ainsi que dans les chantiers de bois neuf. On les trouve ordinairement sous les vieilles écorces.

Les Longicornes se trouvent contre les troncs d'arbres qu'habite leur espèce, mais le soir ils volent çà et là quelques instants avant le coucher du soleil.

Il est utile de recommander aux amateurs, lorsqu'ils rencontrent une pierre ou un cadavre sous lesquels ils ont fait quelques recherches, de les remettre en place, afin que ceux qui viendront après ne trouvent pas une localité détruite.

Enfin, mentionnons comme localités tout à fait exceptionnelles, les grottes, les cavernes et l'estomac des oiseaux insectivores.

Nous ne saurions trop recommander aux entomologistes débutants, d'accompagner chaque insecte d'une étiquette indiquant la date, le lieu et les circonstances dans lesquels ils l'ont trouvé, ou d'un numéro de renvoi aux notes qu'ils doivent consigner sur un carnet. Ils ne sauraient croire combien de plaisir ils se préparent ainsi dans l'avenir avec ces notes commémoratives ; combien d'agréables souvenirs elles réveilleront en eux ; combien de problèmes dont ils trouveront plus tard la solution.

Le premier soin, en revenant de la chasse, est de retirer des flacons le produit de ses recherches, pour piquer ou coller les insectes suivant leur taille. Ceux qui seront salis devront être nettoyés avec un pinceau doux trempé dans l'alcool ; puis on les laisse sécher à l'abri de la poussière.

Ensuite on piquera les plus gros sur l'élytre droit, à un tiers environ de la suture et vers le haut, en laissant dépasser l'épingle du tiers environ de sa longueur. Quand ils sont piqués il faut leur donner la position qu'ils devront garder dans la collection.

Certains entomologistes ont l'habitude d'étaler les pattes et les antennes, comme lorsque ceux-ci sont vivants. C'est une mauvaise méthode, bien qu'elle soit plus jolie et plus naturelle, parce que non-seulement les insectes occupent plus de place dans les boîtes, mais encore que l'on risque à chaque instant de les briser. Il vaut mieux ramener les antennes en arrière, le long du corps, et replier les pattes en dessous.

Il ne faut jamais placer dans la collection ni dans les boîtes fermées les insectes nouvellement piqués ; il est bon de les laisser sécher auparavant, pendant quelques jours, sans cela ils se couvriraient de moisissures.

Lorsqu'ils sont bien secs, on les plonge dans la benzine ou l'alcool arsénié, puis on les met dans les boîtes.

On peut piquer facilement tous les insectes dont la longueur dépasse 6 ou 7 millimètres ; les autres devront être collés.

On emploie pour les coller le carton Bristol ; à cet effet, j'utilise les vieilles cartes de visite. On coupe cette carte en bandelettes de 4 à 5 millimètres de largeur, que l'on divise ensuite en petites pièces rectangulaires, à peu près deux fois aussi longues que larges. Elles peuvent être tracées à l'avance et ainsi on n'a qu'à les découper lorsqu'elles garnies.

Puis au moyen d'un cure-dent, d'une aiguille montée sur un petit manche, on puise une goutte de gomme arabique que l'on dépose à la partie antérieure du carton, en l'y étalant de manière à lui donner à peu près la dimension de l'insecte ; on y applique celui-ci, à plat sur le ventre en lui donnant avec un pinceau fin l'attitude convenable.

Lorsqu'on possède plusieurs exemplaires, il est bon d'en coller sur le dos, afin de pouvoir étudier le dessous du corps.

Quelques entomologistes coupent la carte en forme de triangle allongé, dont ils glissent la pointe entre les pattes de l'animal ; mais l'insecte fait saillie hors du support et court plus de risque de se briser.

Ces procédés suffisent dans presque tous les cas.

Si, dans la suite, on veut changer l'attitude d'un insecte ou le coller sur une autre carte, ses membres desséchés se briseraient, si on ne prenait la précaution de le ramollir. Pour cela faire, on le pique sur du sable mouillé, au fond d'un vase qui ferme hermétiquement, et au bout de huit à dix heures il a repris assez de flexibilité pour pouvoir être manié sans crainte.

Ainsi préparés, les insectes sont rangés en collection dans des boîtes liégées en carton ou en bois, dont les formes varient suivant le goût de chacun. La condition essentielle est qu'elles ferment hermétiquement. Elles doivent avoir soixante millimètres de profondeur.

L'étiquetage se fait sur du papier de différentes couleurs: le blanc désigne l'Europe, le jaune l'Asie, le bleu l'Afrique, le vert-bleu l'Amérique du Nord, le vert-jaune l'Amérique du Sud, le rose l'Océanie.

Les signes dont on se sert en cosmographie, pour indiquer Mars et Vénus ♂, ♀, sont employés pour désigner les sexes.

Cet article n'a aucune prétention à l'originalité ; il a été écrit pour les débutants et particulièrement pour ceux de notre Société.

Si j'ai réussi à leur être utile, et surtout à leur communiquer un peu du feu sacré nécessaire aux recherches de ce genre, et à faciliter leurs débuts, je me trouverai amplement satisfait.

Consenvoye, le 26 Mars 1889.

MEMENTO BOTANIQUE.

Plantes rares ou peu communes de l'arrondissement de Montmédy.

Par A. VUILLAUME.

Parmi les espèces végétales qui croissent dans notre arrondissement, les plus nombreuses s'offrent à nos regards partout avec profusion. Les champs, les bois, les bords des chemins, les buissons, les rives des cours d'eau, etc., nous en fournissent une ample moisson, du printemps à l'automne.

Les autres, au contraire, — et souvent ce ne sont pas les

moins belles ou les moins intéressantes, — se dérobent à notre curiosité et à notre admiration, en se retirant dans les endroits les plus reculés, en se choisissant ça et là des terrains de prédilection où elles établissent des colonies peu abondantes. Quelques-unes même font une courte apparition dans une localité, qu'elles abandonnent bientôt pour transporter ailleurs leurs pénates, ou pour disparaître totalement. Presque toujours c'est le hasard qui nous les fait découvrir, et il arrive que longtemps nous passons près d'elles sans les remarquer, sans même soupçonner leur existence.

Pendant que les premières sollicitent notre attention d'une façon quelquefois importune, celles-ci exigent de notre part plus de dérangements et nous occasionnent plus d'une vaine démarche. Il nous a semblé utile d'attirer sur ces plantes, rares ou peu communes, l'attention des membres de notre Société qui charment leurs loisirs en herborisant. Leur étude par un plus grand nombre de botanistes, disséminés dans le pays, permettra d'en connaître mieux les mœurs, l'habitat et la dispersion dans notre région ; surtout si nos collègues veulent bien consentir à centraliser leurs notes dans ces Mémoires. Nous leur serons reconnaissant, s'ils acceptent notre proposition, de nous communiquer, dans les derniers mois de l'année, en y joignant des échantillons à l'appui, le résultat de leurs observations. Le résumé ds toutes nos découvertes ferait l'objet d'une notice qui ne manquerait pas d'être intéressante, pensons-nous.

Nous avons dressé des plantes signalées trois listes que nous publierons successivement ; nous nous sommes basé pour notre classement sur l'époque de la floraison, et nous avons partagé le temps où l'on peut fructueusement herboriser, en trois périodes : 1° mars-avril-mai ; 2° mai-juin-juillet ; 3e juillet-août-septembre.

Ces indications, il faut bien le remarquer, ne peuvent avoir rien de fixe et d'absolu, en raison de la variabilité des phénomènes météorologiques qui influent sur la végétation. Le retour des saisons, on le sait, n'a pas de périodicité bien régulière : il est retardé ou avancé suivant les années. On devra donc en tenir compte en consultant nos tableaux.

En terminant cet exposé, nous nous permettons d'adresser à nos collègues, principalement aux débutants, une importante recommandation. Malgré l'intérêt qu'il y a de posséder des raretés dans son herbier, malgré le légitime plaisir que l'on éprouve à en faire participer ses amis et ses correspondants, il faut se garder de détruire une localité peut-être unique. Sachons donc nous modérer, et, notre récolte faite, laissons une ample provision de sujets pour la reproduction de l'espèce.

PREMIÈRE LISTE.

MARS-AVRIL-MAI.

Anemone ranunculoïdes L. Lieux humides des bois.
Hepatica triloba Vill. Bois montagneux et calcaires.
Corydalis solida Sm. Broussailles.
Cardamine hirsuta L. Lieux humides des bois.
Dentaria pinnata Lam. Bois.
Teesdalia nudicaulis R. Br. Terrains sablonneux.
Cerastium quaternellum Fenzl id.
— *viscosum Fr.* Champs un peu humides et sablonneux.
Vicia lathyroïdes L. Revers herbeux et sablonneux.
Orobus tuberosus L. Bois.
Chrysosplenium alternifolium L. Lieux humides des bois.
— *oppositifolium L.* id.
Sambucus racemosa L. Bois à sol sablonneux.
Valerianella carinata Lois. Champs, lieux cultivés.
Petasites officinalis Mœnch. Bords des ruisseaux.
Menyanthes trifoliata L. Marais, mares, étangs, cours d'eau.

Veronica persica Poir. Champs, décombres, etc.
Lathræa squamaria L. Bois ombragés, au pied des arbres.
Lamium hybridum Vill. Lieux cultivés.
Aristolochia clematitis L. Champs calcaires et argileux.
Asarum europæum L. (1) Bois des terrains calcaires.
Buxus sempervirens L. id.
Salix hippophaæfolia Thuill. Lieux humides, bord des eaux.
— *purpurea L.* id.
Scilla bifolia L. Bois.
Allium ursinum L. Bois couverts des terrains argilo-calcaires.
Ornithogalum umbellatum L. Champs, prairies.
Gagea arvensis Schultes Champs.
Tamus communis L. Bois montagneux et calcaires.
Orchis ustulata L. Pelouses sèches.
— *Morio L.* Prairies humides.
Eriophorum latifolium Hoppe Lieux marécageux.
— *angustifolium Roth* id.
Carex pilulifera L. Bois.
— *montana L.* id.
— *digitata L.* Id.
— *ornithopoda Willd.* Coteaux.
Sesleria cœrulea Mœnch. Bois des terrains calcaires.
Equisetum Telmateja Ehrh. Coteaux humides, forêts.
— *sylvaticum L.* Bois humides.

(1) Cette plante n'a pas encore été trouvée dans notre arrondissement. Nous la signalons néanmoins, parce que nous pensons qu'on doit l'y rencontrer dans les bois des terrains coralliens. A. V.

COMPTE-RENDU

DE L'EXCURSION DU 5 JUIN 1889

VILOSNES, HARAUMONT, BRANDEVILLE et DUN

Par M. A. VUILLAUME.

Partis de Stenay au nombre de six : MM. J. Cardot, J. Cocu, Errard, Neveu, Vauthrin et Vuillaume, nous sommes rejoints, sur le trajet de la ville à la gare, par notre intrépide président, toujours exact au rendez-vous, mais accompagné seulement de notre collègue, M. Schaudel. Nous regrettons vivement l'absence de nos amis du canton de Montmédy, en raison du beau temps que nous promet pour le reste de la journée une matinée superbe, tout en comprenant que la longueur du chemin à faire ait pu les arrêter.

A Dun, notre petite troupe s'accroît de quatre membres. C'est M. de Bullemont, Officier de la Légion d'honneur, botaniste émérite, qui possède, nous dit-on, un herbier de dix mille plantes. Son âge, la distinction de ses manières, sa décoration nous inspirent d'abord une respectueuse réserve ; mais nous sommes gagnés bien vite par l'affabilité de notre compagnon, comme nous devions dans la suite être éclairés par sa science approfondie des végétaux (1).

(1) Ce n'est pas dix mille, mais quinze mille espèces paraît-il que renferme l'herbier de M. L. de Bullemont.

Les trois autres amateurs sont MM. Richier, de Murvaux, Pierre et Pierret, de Lion-devant-Dun.

Dans le courant de la conversation, pendant que le train nous emmène avec une vitesse modérée, M. Pierrot nous signale sur la droite une abondante station de *Cerasus Mahaleb* et de *Physalis Alkekengi*, dans des friches et des vignes situées entre Dun et Brieulles.

Le *Cerasus Mahaleb*, dit aussi *Bois de Sainte-Lucie*, très fréquent sur toute la rive gauche de la Meuse, est un arbrisseau à feuilles qui rappellent plus celles du poirier que celles du cerisier. Il porte des fruits noirs, amers. Son bois, très odorant, est employé à la confection de menus ouvrages, étuis, cassettes, etc. Son nom vulgaire lui vient de l'hermitage de Sainte-Lucie, près de Sampigny (Meuse), où il croît abondamment et d'où il serait originaire, aux dires d'une légende qui a cours dans le pays.

Le *Physalis Alkekengi*, vulgairement connu sous le nom de *Cerise en chemise*, est un diurétique puissant, remarquable par la forme de son fruit, baie d'un rouge vif et de la grosseur d'une cerise, renfermée dans le calice qui prend un grand développement en mûrissant et prend également une belle couleur rouge.

Vilosnes-Sivry! Nous voici arrivés au début de notre course. A la gare, nous attendent MM. Panau, de Verdun, Bertrand, de Consenvoye, Grandjean, de Brieulles, Laurent, de Brandeville, Laurent, de Vilosnes, et Lehuraux, de Liny. Ces deux derniers instituteurs, empêchés, ne devaient pas suivre l'herborisation. L'on se salue, l'on se serre la main et puis, en route! La colonne se met en marche, traverse Vilosnes et se dirige vers Haraumont. Elle entre bientôt dans un vallon encaissé, et nous voilà « grimpant la côte » qui s'allonge et monte devant nous. Et Phébus nous gratifie de ses plus chauds rayons. Cette température d'Afrique en fait suer plus d'un à grosses gouttes, tandis qu'en tête, imperturbables, marchent côte à côte MM. de Bullemont et Cardot. Les récoltes sont peu fructueuses; nous mettons en boîte cependant des pieds d'*Orobanche Galii* d'une taille colossale et des touffes d'*Alyssum calycinum*, qui foisonnent sur les accotements et les talus de la route en corniche. Mais nos guides se sont arrêtés devant une Ombellifère dont les feuilles d'un vert sombre et découpées élégamment attirent aussi nos regards. On fait cercle, on ouvre les Flores et les Tables dichotomiques, et l'on constate que l'on est en présence du *Peucedanum Oreoselinum.* C'est une trouvaille ; beaucoup d'entre nous le voyaient pour la première fois et il n'avait pas encore été signalé dans notre arrondissement. Heureux de notre découverte, nous repartons d'un pied plus léger.

A notre gauche, dans des buissons, s'étend un vaste tapis doré d'*Hippocrepis comosa*, d'où sortent çà et là les hampes non encore bien développées d'*Orchis bifolia* et d'*O. conopsea*, tandis qu'un manteau de *Thymus Serpyllum* et de *Calamintha acinos* recouvre les rapides talus, et que s'élèvent parmi les gazons poudreux, *Briza media*, *Bromus erectus*, *Serrafalcus arvensis*, *Brachypodium pinnatum*, et autres Graminées.

Les amateurs d'insectes ne restent pas inactifs : M. Bertrand leur signale, courant à terre de leurs six pattes agiles, trois coléoptères, *Harpalus azureus*, *Harpalus cupreus*, *Calathus fulvipes*, et leur fait remarquer plusieurs colonies de *Polistes gallica*, hyménoptères de la famille des Vespiens, qui ont établi leurs cellules dans les anfractuosités de la tranchée. Ce même endroit du chemin offre aussi aux géologues de la petite troupe plusieurs échantillons intéressants, bien qu'encombrants, de roche et de fossiles de l'étage corallien.

Les kilomètres succédant aux kilomètres, nous arrivons à l'entrée du village de Haraumont. Nous sommes étonnés de voir, sur ce point culminant, à 330 ^{m} d'altitude, ruisseler une fontaine aux eaux fraîches, limpides et intarissables, nous dit-on. Mais particularité bien curieuse ! il paraît que, lorsque la Meuse déborde, les caves du village, placées à 150 ^{m} au-dessus du niveau du fleuve, sont inondées. Comment expliquer cette concomitance des deux phénomènes ? Nous nous déclarons incompétent à résoudre ce problème, et nous en demandons la solution à de plus savants que nous.

Dans la rue que nous suivons, tous les endroits non foulés aux pieds des hommes ou des animaux sont envahis par une quantité de *Centaurea calcitrapa.* Cette incommode Composée nous dit en un langage que nous comprenons parfaitement : qui s'y frotte, s'y pique.

Après quelques instants de repos dans une maison hospitalière, nous entamons la seconde partie de notre excursion. Irons-nous à Brandeville par le chemin vicinal, ou par une ligne qui traverse la forêt parallèlement à celui-ci ? Se scindera-t-on en deux colonnes, ou restera-t-on réunis ? Les avis sont partagés. On se décide enfin à ne pas se séparer et à prendre le chemin forestier.

Avant de nous y introduire, nous traversons une petite prairie et quelques champs au fond d'une gorge. Sous un charme au bord du sentier, nous cueillons l'*Astragalus glycyphyllos*, nommé vulgairement *Malmaison.* On nous apprend que dans nos campagnes cette jolie Papilionacée est considérée comme une panacée véritable.

M. Bertrand, toujours l'œil au guet et le filet à la main, prend au vol *Hoplia farinosa* ; et quelques coups donnés en fauchant dans les hautes herbes enrichissent ses flacons d'un grand nombre de coléoptères, entr'autres : *Strangalia melanura*, *Lacon murinus*, *Corymbites latus*, *Melanotes tenebrosus*, *Malachius viridis.*

Nous sommes accompagnés, sous l'ombre des grands arbres, par le bourdonnement des insectes, et les piqûres plus désagréables d'une armée de taons. Malgré ces inconvénients, malgré le chemin montant, rocailleux, malgré les souches traîtresses, et malgré la chaleur, nous allons, nous allons sans trêve, mais non sans courage. Nous récoltons au passage ou nous remarquons : *Epilobium parviflorum*, *Sanicula europæa*, *Inula salicina*, *Crepis præmorsa*, *Hieracium murorum*, *Melittis melissophyllum*, *Listera ovata*, *Agropyrum caninum*, *Avena pubescens*, *Festuca duriuscula*, *F. gigantea*, *Carex digitata*, tout en laissant de temps en temps une bribe de nos vêtements ou de notre épiderme aux aiguillons crochus du *Rubus cæsius* et de ses congénères.

Arrivés dans les environs du point indiqué *Sart-le-Puits* sur la carte de l'état-major, nous sommes agréablement surpris de trouver au milieu des Hippocrepis une station d'Orchidées. Nous voyons là, en abondance, *Orchis cinerea*, *O. montana*, *O. bifolia*, *O. fusca*; une curieuse hybridation d'*O. cinerea* et *O. fusca* et un certain nombre de pieds d'*Ophrys myodes*. Notons encore, pour être complet, *Neottia Nidus-avis*, qui est très commun dans nos forêts.

Nous retrouvons plusieurs de ces espèces plus loin, le long du chemin dans des friches, avec *Genista tinctoria* et *Trifolium montanum*. Dans les champs de blé, nous récoltons *Adonis æstivalis*, et sa variété *citrina*, ainsi que *Ajuga genevensis*.

Entre temps M. Bertrand capture un *Cryptocephalus aureolus*.

Mais voici poindre à l'horizon le clocher et les toits de Brandeville! Quel coin de terre pittoresque que le fond de ce vallon! Il n'est pas nécessaire d'aller si loin chercher des points de vue; celui dont nous jouissons a bien sa valeur et il est près de nous.

Nous descendons au village par un raidillon qui abrège, à travers bois, broussailles et friches; sous nos pas nous apparaissent de nouveau *Melittis melissophyllum* et *Sanicula europæa*. Nous remarquons encore *Cephalantera pallens*, *Epipactis latifolia*, en boutons, *Phalangium ramosum*, *Asclepias Vincetoxicum*, *Lithospermum officinale*. M. Laurent, instituteur à Brandeville, notre sympathique guide dans le dédale des sentiers qui traversent les vignes, nous apprend que cette Borraginée est fort recherchée des habitants du pays qui en font des infusions et l'estiment à l'égal du thé.

Un déjeuner improvisé nous restaure tant bien que mal. On tient une séance et l'on s'occupe du retour, qui s'effectue vers Dun par la forêt du Hatois, la Croix Morand, les bois du Fayel et du Chênois. Malheureusement, l'heure avancée, les préoccupations que donne la crainte de manquer le train, ne permettent pas qu'on mette à profit ce passage dans des régions intéressantes au point de vue botanique et géologique. La science est un peu négligée et nous faisant les émules des chasseurs à pied, nous arpentons les landes avec plus de conviction que d'entrain.

Néanmoins nous signalons la présence au Fayel d'*Elymus europæus* et aux Canons de *Geranium pyrenaïcum*.

Sur les Graminées du plateau de Murvaux, en face la côte St-Germain, montagne isolée dont nous contemplons la croupe rebondie, aux flancs tapissés de vigne, nous prenons plaisir à recueillir, en nombre, une Chrysomèle, dont les élytres brillent comme des pierres précieuses, la *Chrysomela cerealis*, que notre collègue, M. Bertrand n'avait pas encore rencontrée, du moins dans nos pays. Il ajoute encore au produit de sa chasse *Meloe proscarabeus*, et *Asida grisea*.

Nous saluons de loin, auprès du village de Milly, la *Hotte du Diable*, énorme pierre fichée en terre, dans laquelle d'aucuns voient un antique menhir et d'autres une simple borne frontière entre états voisins, et nous nous entretenons chemin faisant des nombreuses légendes qui se rattachent à ce mégalithe, à la Côte Saint-Germain et à la forêt Saint-Dagobert qui s'étend à ses pieds.

En traversant le bois de Dun, un de nos compagnons nous signale un groupe de quatre hêtres partant du même pied, bien connu dans la contrée sous le nom de *Quatre fils Aymon*. Encore un souvenir des traditions du passé !

Mais nous poursuivons toujours notre course à la façon du *Juif-Errant*. Marche ! Marche !!! L'heure s'écoule et c'est avec regret qu'il faut s'arracher aux séductions de ces beaux ombrages.

Enfin, après avoir contourné le mamelon sur lequel s'élève la pittoresque ville haute de Dun, si ravissante à contempler de l'autre rive de la Meuse, nous arrivons à la gare de Dun, harassés, moulus, mais en somme contents de notre journée. Et nous n'avions pas manqué le train !

SÉANCE DU 6 JUIN 1889.

Les membres présents de la *Société des Amateurs naturalistes*, au nombre de quinze, se sont constitués en séance à Brandeville, le Jeudi 6 Juin 1889, à deux heures après-midi.

Sont présentés comme membres actifs :

M. L. de Bullemont, rentier à Aincreville, présenté par MM. Pierrot et Cardot ;

M. Warin-Simon, pharmacien à Stenay, présenté par MM. Cardot et Wuillaume,

qui sont admis à l'unanimité des membres présents.

Leur adjonction porte à 71 le chiffre total des membres actuels de la Société.

Il est ensuite décidé que la prochaine excursion aura lieu entre Avioth, Breux et la frontière belge, le Jeudi 4 Juillet.

Le Président,
Ph. Pierrot.

Le Secrétaire des séances,
A. Vuillaume.

L'EXCURSION DU 4 JUILLET 1889

Par M. F. HOUZELLE.

La troisième excursion de la Société des *Amateurs naturalistes du Nord de la Meuse* avait été fixée au jeudi 4 Juillet 1889. C'était une excellente idée de fêter, par une exploration sur nos sables, l'anniversaire de la fondation de notre jeune Société ; c'est en effet à Breux, si l'on veut bien s'en souvenir, que, le 5 Juillet 1888, furent jetées les bases de la Société.

Le rendez-vous était fixé à 7 h. 1/2. A huit heures on compte 22 membres :

MM. Breton, de Saint-Mihiel ; de Bullemont, d'Aincreville ; J. Cardot, J. Cocu, Perrin, Vauthrin et Vuillaume, de Stenay ; Geandarme et Legendre, de Villécloye ; Pierrot, Beauzée et Collin, de Montmédy ; Jacques, de Chauvency-Saint-Hubert ; Henry, de Chauvency-le-Château ; Gœuriot, de Fresnois-les-Montmédy ; Paulot, de Verneuil-Petit ; Josset et Schaudel, de Thonne-la-Long ; Grégoire, de Thonnelle ; L. Heintz et Lepointe, d'Avioth, et Houzelle, de Breux, accompagné des jeunes Pierre Léon et Lalande Jean-Baptiste, ses élèves.

C'est la première fois que les membres assistent en aussi grand nombre à une excursion. Il est vrai qu'une exploration sur le calcaire sableux du terrain liasique a toujours le privilège d'attirer les chasseurs de plantes.

Disons un mot, en passant, du sol que nous allons explorer.

Le calcaire sableux forme la partie septentrionale du département, dont, dit M. A. Buvignier, il est le terrain le plus ancien ; il se continue plus au nord dans les Ardennes et la Belgique. Il est composé de sables et de calcaires plus ou moins durs et imprégnés de sable, disposés en couches alternatives.

La marne moyenne recouvre le plateau du calcaire sableux : comme celui-ci, elle est inclinée vers le sud. Elle s'étend, par Thonne-la-Long et Avioth, vers la Thonne, et dans la vallée de Hianquemine, du côté de Thonne-le-Thil. Sur les plateaux, elle se relève jusqu'à une altitude de 315 et 319 m.

Quelques lambeaux de calcaire ferrugineux s'étendent sur le plateau des marnes moyennes, vers Thonne-le-Thil et Thonnelle.

Le calcaire sableux, qui forme la presque totalité du territoire de Breux, ne se rencontre dans notre département que sur les territoires de Breux, Avioth et Thonne-la-Long. Il y forme des vallées fortement encaissées et à pentes roides ; les sommets des collines sont couronnés de bosquets et de champs de genêts, ce qui ajoute un charme nouveau à ces sites déjà pittoresques par eux-mêmes, surtout, quand, pendant les mois de mai et juin, les champs de genêt sont en fleurs.

Une chose frappe aussi à première vue, c'est que les collines sont, dans l'étage liasique, bien plus tortueuses que dans l'étage oolithique ; les courbes décrites par le premier terrain sont très sinueuses, tandis que celles du second sont plus rectilignes.

Mais arrivons à notre excursion.

La colonne se met en marche. Cette fois, notre itinéraire est bien restreint : explorer une partie du territoire de Breux et pousser une pointe sur la frontière belge, tel est le but proposé.

En passant au pied de la côte des Fourches, nous entendons M. Schaudel rappeler que sur cette hauteur était autrefois le gibet seigneurial.

C'était là en effet, à l'entrée de la *Vieille Ville* et non loin du château féodal, que s'élevait le signe patibulaire des seigneurs hauts, moyens et bas justiciers de Breux ; de là la dénomination des *Fourches* conservée à ce lieu dit.

Ajoutons que, non loin des Fourches, s'élevait une Maladrerie. Cet établissement hospitalier, qui faisait contraste avec la potence, était, en 1620, en ruine ou n'en valait guère mieux ; on prévoyait cependant à cette époque que peut-être il serait plus tard « *besoing redresser lad*[e] *maladrerie.* » (1).

Nous montons le chemin d'*Aubermont* et nous récoltons : *Alchemilla arvensis*, dont l'étymologie indique que cette plante était autrefois employée en alchimie ; on observe quelques pieds de cette espèce remarquable par la villosité blanchâtre qui les recouvre ; *Scleranthus annuus*, si abondant dans les champs sablonneux. Plusieurs désireraient trouver *Scl. perennis*. Un peu de patience ; quand nous arriverons à la *Bosse des Fées*, nous trouverons ces deux Paronychiées croissant ensemble.

Plus loin, *Polygonum convolvulus*, espèce appartenant au même genre que le Sarrasin (*Polygonum Fagopyrum*) qui, autrefois, était beaucoup cultivé à Breux sous les noms de Sarrasin noir ou jaune, selon la variété et dont on rencontre encore quelques champs ; — *Agrostis spica-venti*, *Stellaria graminea*, *Rumex acetosella* et *Spergula arvensis*, communs dans les champs sablonneux.

Quelques-uns récoltent *Alsine tenuifolia* et *Trifolium elegans*. Il ne faut pas s'étonner de trouver ici cette Papilionacée si abondante ; elle y était autrefois cultivée sous le nom de *Trèfle hybride*, qui est celui d'une autre espèce très voisine et était, paraît-il, d'un bon rapport.

Le jeune Pierre a la bonne fortune de trouver *Phelipæa cærulea*, qui croît sur les racines d'*Achillea Millefolium*. Les jeunes botanistes qui désiraient enrichir leur herbier de cette plante parasite ont pu la récolter, car elle a été un peu plus loin trouvée en assez grande quantité, ainsi que

(1) Archives de la Mairie de Breux. Autorisation du 21 Octobre 1620 donnée au « Mulnier de Breux », pour « érigé certaine usine au lieu dit la Maladrerie. »

Ononis procurrens, plus connu, dans nos campagnes, sous les noms d'*Arrête-Bœuf*, *Râbieu*, *Tadent*. Cette Papilionacée, aux fleurs roses élégamment veinées de pourpre, a les rameaux garnis d'épines, dont la piqûre peut déterminer de véritables phlegmons. On dit que le suc de ses feuilles froissées est un remède contre le mal, si l'on a soin de les appliquer immédiatement sur la piqûre. Si cette indication est vraie, le remède serait à côté du mal. Ses racines, tenaces et fortes, arrêtent parfois la charrue ; de là le nom d'*arrête-bœuf* qui lui est donné. L'*Ononis* est diurétique et apéritif.

Nous quittons momentanément le territoire de Breux pour celui d'Avioth, afin de gagner le chemin qui conduit à Bellefontaine, chemin qui passe pour être construit sur le *diverticulum de Virdunum* (Verdun) à Gérouville, par Avioth (1), qui reliait le Verdun antique à la grande voie consulaire de *Durocortorum* (Reims) à *Augusta-Trevirorum* (Trèves).

Nous avons quitté le calcaire sableux pour les marnes moyennes du lias et nous récoltons *Trifolium medium* à fleurs d'un rouge pourpre ; — *Phleum nodosum*, bonne plante fourragère ; — et *Lepidium campestre*.

Ici, M. Breton nous fait remarquer que le Thym, que nous trouvons si abondant, n'est point *Thymus serpyllum*, mais bien *Thymus Chamædrys* ; le premier a ses rameaux munis tout autour de poils réfléchis, tandis que les tiges du second présentent de deux à quatre rangs de poils réguliers.

On longe le Bois Marion, appartenant à notre ami, M. L. Heintz, qui invite les explorateurs à se reposer dans sa maisonnette ; mais celle-ci est incomplète : une cave lui manque. Puisqu'il n'y a pas moyen de s'y rafraîchir pour adoucir un peu l'ardeur des rayons du soleil qui dardent déjà bien fort, on ne s'y arrêtera pas.

(1) F. Liénard. Dictionnaire topographique du département de la Meuse, introduction, page X.

Le long du bois Marion se trouvent *Juncus glaucus* et *J. bufonius*; — plus loin, dans un fossé humide, *J. conglomeratus* et, au bord du bois, *Pyrola rotundifolia*, plante amère, astringente et vulnéraire, qui entre dans la composition du thé suisse. *Pyrola minor* espèce plus rare, croît à Breux, dans le bois de Chapré qui, malheureusement, ne se trouve pas sur notre itinéraire projeté.

Le plateau du Cul de Voir nous présente le genêt et le thym envahis par *Cuscuta epithymum*; on récolte aussi *Carex leporina*, *Betonica officinalis*, *Erythræa centaurium* réputé comme astringent et fébrifuge sous le nom de Petite Centaurée; c'est un des meilleurs succédanés du quinquina. Suivant la Fable, c'est le centaure Chiron qui découvrit les propriétés de ce genre, aussi appelé *Chironia*; — *Calluna vulgaris*, qui ne fleurit qu'en automne. Cette plante ne s'observe point sur les sols calcaires; ses fleurs roses ne fanent que lentement et vieillissent sans perdre ni leur forme ni leur couleur. Dans certains endroits où cette bruyère est abondante, on en fait des balais et des fagots; — *Galeopsis ochroleuca*, labiée à fleurs grandes de couleur jaune soufré, qui croît exclusivement sur les terrains siliceux. Il n'en est trouvé que deux pieds, le temps de sa floraison n'étant pas encore arrivé; — puis *Euphrasia nemorosa*.

Une jolie Campanulacée, à fleurs d'un beau bleu, en capitules plus ou moins gros, plus ou moins semblable à une scabieuse, fait l'admiration de plusieurs : c'est *Jasione montana*. C'est encore une espèce qui ne s'observe pas sur les terrains calcaires et qui est bien commune sur les sols siliceux ; aussi la trouvons-nous très abondante.

Sur ce plateau, nous récoltons *Leontodon proteïformis* et *L. autumnalis*; les anciens de la Société font remarquer aux jeunes botanistes les différences qui caractérisent ces deux plantes.

Pendant que le plus grand nombre prend quelques minutes de repos, M. de Bullemont, toujours très alerte, s'écarte un peu, et en longeant le petit bois à la bifurcation des chemins d'Avioth et de la Gravelle, il découvre *Anten-*

naria dioïca, plante rare et précieuse, connue sous le nom de *Pied de chat*, que feu M. Thirion avait signalée à Breux.

On quitte le chemin de Belle-Fontaine pour rejoindre celui de Géroumont, réputé aussi *diverticulum romain* ; il va se réunir au précédent vers Berchiwé (Belgique) et longe, sur le territoire de Breux, l'antique cimetière d'incinération de la *Morte-Femme*.

On remarque dans les moissons *Thrincia hirta*.

On entre dans le bois de Randhan, où se récoltent *Hypochœris radicata*, *Galium palustre*, dans un fossé humide et couvert ; — *Danthonia decumbens*.

Dans le bois de Géroumont, *Aspidium felix femina*, *Holcus mollis*, *Circæa lutetiana*, appelée aussi *Herbe aux magiciennes* ; — *Lysimachia nummularia*. Cette Primulacée, astringente et vulnéraire, est communément appelée *Herbe aux écus*, parce que ses feuilles, étalées sur terre, ressemblent tant soit peu, par leur forme du moins, à des écus alignés par paires ; — et *Melampyrum pratense*, Mélampyre qui, par anomalie, a été affublé du nom spécifique « pratense » (des prés) bien qu'il ne croisse que dans les bois.

Nous regagnons le calcaire sableux et nous apercevons dans les champs *Lycopsis arvensis*, Borraginée à jolies petites fleurs bleues au sommet des rameaux, ressemblant à celles du myosotis, dont il est presque le congénère.

Ici la Société se divise en se donnant rendez-vous à la Guinguette de l'Espérance : les uns suivront le chemin des hauteurs ; les autres obliqueront au nord, à travers bois pour rejoindre la vallée.

Ces derniers récoltent dans la Culée des Wées, *Lotus uliginosus* et *Euphrasia officinalis*, réputé anti-ophthalmique, d'où son nom vulgaire de *Casse-lunettes*.

Ils longent la frontière belge et observent dans les moissons, sur le Pré Morat, *Teesdalia nudicaulis*, le rarissime *Arnoseris minima*, *Herniaria glabra*, plante, réputée efficace contre les hernies et qui se retrouve aussi à la Bosse des Fées ; — et *Viola tricolor* en grande quantité ;

on remarque la grandeur inusitée des pétales de cette jolie fleur et leur couleur d'un bleu violet très prononcé. L'auteur de ces lignes en a adressé une certaine quantité à M. de Bullemont, qui doit en faire une étude particulière. (1)

MM. Pierrot, Breton et Houzelle se détachent du groupe et entrent dans le bois du Pré Morat à la recherche d'une station de *Polygonum bistorta*, mais leurs recherches restent infructueuses; par contre ils trouvent *Sambucus racemosa*, cultivé pour l'ornement des jardins à cause de ses belles grappes de graines rouges, ses baies, purgatif violent, sont très probablement nuisibles; — et *Lysimachia nemorum*, plante rare dans nos contrées, *Alchemilla vulgaris*, *Dianthus armeria*, *Lychnis sylvestris*.

M. Breton nous fait remarquer dans une haie, sous le bois du Pré Morat, *Rosa dumetorum*, variété du *Rosa canina*, qui se différencie de celui-ci par ses pétioles velus et ses folioles pubescentes en dessous, ainsi que *Mespilus germanica* (2). Le fruit de ce dernier, connu sous le nom de nèfle, assez gros et d'une couleur rousse, est bon à manger lorsqu'il mollit après avoir été cueilli depuis quelque temps; la culture a perfectionné ce fruit.

Le premier groupe a été très heureux dans ses recherches, et a récolté sur les hauteurs des Longs-Champs *Ornithopus perpusillus*; cette jolie petite Papilionnacée donne un fruit qui imite une patte d'oiseau; elle croît abondamment à Breux, qui en est la seule station connue dans notre arrondissement; — *Trifolium striatum*, peu commun, que feu M. Thirion a signalé ici dans la *Flore de Lorraine*; — *Corynephorus canescens*.

Dans le bois, auprès de la fontaine du Pré Morat, on a la bonne fortune de découvrir *Campanula cervicaria*, dont

(1) D'après une communication ultérieure de M. de Bullemont, cette jolie forme est celle dont Jordan a fait son *V. Lepida*.

(2) Cet arbrisseau, à rameaux épineux, croît encore spontanément dans la haie du pré Collet Félix, au lieu dit la *Marine*, et dans la haie de la chenevière Gérard ou Marson, à Mi-le-Village. F. H.

la présence n'avait pas encore été signalée dans notre région, si ce n'est par M. de Bullemont qui l'avait découverte à Aincreville.

A la Guinguette, les explorateurs se retrouvent au complet et se désaltèrent de bière belge. Mais il ne faut point s'attarder : il est près de midi et nous avons encore une longue carrière à parcourir, car on projette d'explorer la prairie en amont de Limes pour ensuite revenir à Breux par la Bosse des Fées. Les plus fatigués, sous la conduite de M. Grégoire, qui connaît parfaitement les chemins, retourneront à Breux, tandis que les plus ingambes pousseront l'exploration plus loin.

Les premiers auraient pu récolter si la saison avait été moins avancée, *Turritis glabra*, qui croît dans les jeunes taillis du Pré Morat et le long du chemin du Bois La Croix, et, dans les haies près du village, *Malva moschata*, jolie plante assez rare qui, en se desséchant, répand l'odeur du musc.

Les infatigables quittent la route de Gérouville, prennent un chemin près du Château des Alouettes et longent un petit affluent rive gauche de la Marche. On y retrouve abondant *Sedum elegans*, qui a déjà été observé ce matin et qui le sera de nouveau aux Moulinets. On recueille aussi *Hypericum tetrapterum*.

Dans les prés humides, vers la fontaine de Limes, se remarquent *Juncus lamprocarpus* et *Sagina nodosa*, jolie petite plante qui n'avait été signalée jusqu'ici dans la région qu'à la Crânière, près Montmédy.

Dans la Marche, on récolte *Zanichellia palustris*.

Un petit marais, situé en dessous de la fontaine, attire l'attention des botanistes. Mais le terrain est bien bourbeux et l'on prendra un bain de pied. N'importe, rien ne les arrête ! D'ailleurs, c'est pour la science !!! Ils ne regretteront point d'avoir pris la fraîcheur qui leur arrive à travers les chaussures, car ils recueillent *Myriophyllum verticillatum*, *Callitriche stagnalis*, *Utricularia vulgaris*, plante qui est assez rare malgré l'épithète de vulgaire qui lui est donnée ; — *Sparganium ramosum*, dont les feuilles sont en ruban et la tige souterraine réputée tonique ; — *Ranunculus flammula*, appelé petite douve, à cause de la ressemblance des feuilles avec la douve *(distoma hepaticum)* platelminthe qui habite dans les canaux biliaires des ruminants et cause chez eux une maladie mortelle, la cachexie aqueuse ou distomatose.

On l'appelle aussi *Petite Flamme*, *Flammule*, et à Breux, *Herbe de feu*. Cette Renonculacée, qui végète sur les bords des eaux stagnantes, doit ses appellations communes à ses propriétés inflammatoires et vésicantes, comparées à celles du feu mitigé. Son application sur la peau produit le même effet que le feu ou la flamme.

Est également rencontrée une Hépatique très jolie, *Marchantia polymorpha*.

On quitte cet endroit fangeux pour gagner le talus escarpé qui longe la route de Gérouville, où les amateurs, pour qui ce pays était inconnu, sont tout heureux de recueillir *Helichrysum arenarium*, dont quelques pieds viennent déjà d'être trouvés au bord du sentier, avant d'arriver à la Marche. Cette rare et jolie Composée, avec laquelle on fait des couronnes d'immortelles, est toute particulière aux lieux sablonneux. Nous avons observé des fleurs d'un jaune citron et d'autres d'un jaune brun ; ce serait peut-être deux variétés. On récolte aussi *Verbascum lychnitis*, *Aira caryophyllea*, *Corynephorus canescens*, *Filago minima*.

Il fait bien chaud sur les sables par les plus fortes chaleurs du jour ; aussi personne ne se fait prier pour prendre un rafraîchissement chez Mme veuve Devillé, à Limes.

Après un très court arrêt, on se remet en route. A la sortie de Limes, vers Orval, on remarque *Chenopodium hybridum*, *Sagina procumbens*, *Bromus tectorum*.

On se trouve seulement à 4 kilomètres des ruines de la célèbre abbaye d'Orval, dont on voit la route si ravissante. Mais l'heure passe et il ne faut point songer à s'y rendre. On traverse la Marche sur la Passerelle des Allemands, et on admire les eaux limpides, dans lesquelles la truite abonde, de ce petit cours d'eau, qui sert de délimitation entre la France et la Belgique. On récolte au bord du ruisseau *Eriophorum latifolium*, *Scirpus compressus* et *Hypericum tetrapterum*.

On arrive presque aussitôt au hameau de Fagny, et, près du corps de garde de la douane et en face la maison de Mme veuve Bocard, on recueille *Leonurus cardiaca* et quelques pieds de *Nepeta cataria*, plante qui attire les chats tout comme la Valériane. On cherche vainement *Marrubium album*, récolté là il y a un an, et qui aurait fait les délices de quelques amateurs de raretés. Sur un vieux mur on cueille une jolie fougère, *Cyathea fragilis*.

Sur les roches et les talus herbeux au-dessus de Fagny, où, il y a un mois, on aurait trouvé *Botrychium lunaria* ou *Raisin de Mai*, se voient *Spergula procumbens* et *Saponaria officinalis*. Cette plante, amère et tonique, tire son nom de *sapo*, savon, parce que ses feuilles moussent comme du savon, quand on les froisse dans l'eau ; elle est employée pour nettoyer les étoffes de laine.

Avant d'entrer dans le bois de Chelvaux, M. Pierrot nous montre au loin, sur le territoire de Gérouville, l'emplacement de ce que feu M. Jeantin (1) nomme le temple d'*Hiéromont*. Ce lieu s'appelle le *Château* ou le bois des *Froumis*, dénominations qui n'ont rien de surprenant ; la première (château) s'est très souvent donnée aux emplacements de ruines antiques ; Froumis, mot patois signifiant « fourmis », nous paraît répondre au mot fourmilière, sans doute parce que ce monticule ressemble en effet à une gigantesque fourmilière, ou bien encore parce qu'il abondait peut-être autrefois en fourmis.

M. Pierrot nous dit qu'on ne se ferait pas une idée des antiquités romaines qui ont été recueillies en ce lieu ; le bronze y était en si grande quantité que, lors du siège de Montmédy par Louis XIV, (du 11 juin au 6 août 1657), les canons faisant défaut, on vint là, comme on va à une carrière, ramasser le bronze pour en fondre des canons.

(1) Les *Chroniques des Ardennes et des Wœpvres*, par M. Jeantin, — 1852 — tome II, p. 592 et suivantes.

On entre dans le bois de Chelvaux, où, aux abords de la route, on remarque en fruits *Prunus padus*, vulgairement nommé *Putiet*, *Bois de Pucelle*. Cet arbre donne, pendant le mois de mai, des fleurs blanches disposées en grappes longues et pendantes bien jolies, mais qui sont de courte durée. Ses fruits ronds, noirâtres ou rougeâtres, sont très amers et d'un goût désagréable.

Au sortir du bois, on quitte la route pour se diriger vers la Bosse des Fées, par la gorge des Moulinets. C'est surtout dans cette vallée étroite qu'il fait chaud !!! Pas la moindre caresse de Zéphir pour tempérer les rayons ardents de Phébus ! Malgré les fatigues d'une longue course dans un pays très accidenté, on a encore de bonnes jambes, et la preuve, c'est qu'on saute, à qui mieux mieux, les tas de foin ; les uns fléchissent par principes sur la pointe des pieds, tandis que d'autres.... fléchissent.... à l'endroit où le dos perd son nom.

On arrive enfin à la légendaire Bosse des Fées, au pied de laquelle passait très probablement le diverticulum allant du camp de Baâlon à Gérouville. Sur les revers incultes, se rencontrent *Scleranthus annuus*, déjà cité, *Scl. perennis*, *Aira caryophyllea*, *Corynephorus canescens* et *Bromus tectorum* ; — enfin *Ornithopus perpusillus*, déjà indiqué, qui fait l'admiration de ceux qui n'ont pas vu cette jolie Papilionacée sur les hauteurs des Longs-Champs.

On descend la Bosse des Fées, après avoir remarqué le tertre artificiel de forme oblongue, qui domine cette hauteur et qui passe pour être un *tumulus*.

Au pied de la côte, sourd une eau limpide : c'est la Source des Fées. On goûte à ce liquide qui doit avoir quelque chose de tant soit peu divin, et il est en effet trouvé excellent, surtout tonifié par l'excellent rhum dont notre président a toujours soin de garnir sa gourde.

Les amateurs de géologie remarquent l'abondance des fossiles dans cette partie moyenne du calcaire sableux liasique ; pour n'en mentionner que quelques-uns, citons des *gryphæa*, des *pinna* et des *belemnites*. Les anciens désignaient les *belemnites* sous le nom de *pierre de tonnerre*, parce qu'ils croyaient que ces pétrifications étaient dues au passage de la foudre dans les roches où elles se rencontraient.

Il est bon de remarquer ici que les fossiles sont assez mal détachés ; ils sont parfois empâtés dans la roche, ce qui les rend ou difficiles à extraire ou peu propres à collectionner. C'est surtout dans la partie supérieure que l'on trouve quelques bancs très coquilliers ; on y rencontre beaucoup de céphalopodes, des *ammonites*, des *nautiles*, des *belemnites*, des *pectens*. L'auteur de ces lignes se met bien volontiers à la disposition des géologues qui désireraient explorer le territoire de Breux ; ils trouveront non pas un géologue, mais seulement un amateur qui se fera un plaisir de les conduire aux stations qu'il connaît les plus riches en fossiles.

A la naissance du petit ruisseau qui traverse la Vieille-Ville, M. Breton récolte *Catabrosa aquatica*. Dans un pré marécageux des Fauchées, rive gauche du ruisseau, s'observent *Galium uliginosum* et *Epipactis palustris*. La station de cette orchidée a été découverte par M. Cocu, le 5 Juillet 1888.

Nous ne sommes plus qu'à un kilomètre du village, que nous regagnons par le chemin du Champ le Prêtre, le long duquel s'observent *Humulus lupulus*, *Malva rotundifolia* et *M. sylvestris*, dont les feuilles sont adoucissantes ; — et *Cuscuta europæa*, sur une touffe de houblon. Cette plante parasite, désignée dans nos campagnes sous le nom de *teigne*, *tigne*, croît aussi sur l'ortie, le chanvre, etc.

On rentre enfin à Breux, où nous sommes très heureux de trouver notre collègue M. Jules Sommeillier, de Montmédy, qui nous attend depuis midi. Tous sont contents de leur journée. La récolte a été fructueuse. Mais si les boîtes de fer-blanc sont pleines, les estomacs sont bien vides ; car il est deux heures et demie. Aussi tous font honneur au frugal mais substantiel déjeuner de Mme veuve Collin.

Le repas se passe au milieu d'une franche gaîté animée par plusieurs joyeux convives et de cette bonne cordialité qui règne parmi tous les associés présents.

Pour compléter cette relation, disons que MM. Cardot, de Bullemont, Breton et Cocu, arrivés de très bonne heure à Breux, avaient fait une courte exploration à l'ouest de Breux et en avaient rapporté *Viscaria purpurea*, malheureusement en mauvais état, vu la saison avancée, *Phleum Bœhmeri*, *Sedum elegans*, *Silene nutans*, *Trifolium aureum*, *Bromus Tectorum*, *Bromus secalinus*.

Enfin, au retour de Breux à Avioth, M. Breton récolte dans un fossé à gauche de la route *Callitriche autumnalis*.

Comme complément au travail de M. Houzelle, nous constatons que 7 espèces récoltées dans l'excursion du 4 Juillet 1889 ne figuraient pas sur le catalogue de plantes de l'arrondissement, dressé par MM. Pierrot et Cardot.

Ce sont :

1° *Sedum elegans* (confondu jusqu'ici avec S. *reflexum*) ;
2° *Galium uliginosum* ;
3° *Thrincia hirta* ;
4° *Campanula cervicaria* ;
5° *Callitriche autumnalis*, (signalé au retour de Breux, par M. C. Breton, dans un fossé près du Moulin d'Avioth) ;
6° *Catabrosa aquatica* ;
7° *Corynephorus canescens*.

PH. P.

SÉANCE DU 4 JUILLET 1889.

Les membres présents de la Société des *Amateurs naturalistes*, au nombre de 23, se sont constitués en séance à Breux, le jeudi 4 Juillet, à 4 heures après-midi.

Sont présentés comme membres actifs et admis à l'unanimité :

M. Charles Spiral, docteur en médecine à Montmédy, présenté par MM. Pierrot et J. Sommeillier ;

M. Ad. Lagosse, architecte à Montmédy, présenté par MM. Vuillaume et Pierrot ;

M. Geandarme, instituteur à Villécloye, présenté par MM. Grégoire et Lepointe ;

M. Legendre, rentier à Villécloye, présenté par MM. Pierrot et Vuillaume ;

M. Duchesne, instituteur à Villers-devant-Dun, présenté par MM. Vuillaume et Perrin.

L'admission de ces membres nouveaux porte le chiffre total de la Société à 76 membres.

M. le Président dit qu'il pense être l'interprète des membres présents de la Société en remerciant MM. de Bullemont et Breton, nos savants confrères, de l'intérêt qu'ils portent à notre jeune confrérie pour s'être déplacés d'aussi loin pour assister à l'excursion de ce jour. Les applaudissements nourris qui accueillent ces paroles prouvent que tels sont bien les sentiments des membres qui assistent à la séance.

M. de Bullemont remercie la Société d'avoir bien voulu l'admettre comme membre ; il est très touché de la cordialité qu'il y rencontre.

M. le Président répond que la Société s'est trouvée très honorée de posséder un éminent botaniste tel que M. de Bullemont.

M. Cardot, vice-président, rappelle qu'il y a un an moins un jour, nous nous trouvions ici dix pour fonder la Société ; aujourd'hui nous approchons de la centaine ; ces deux chiffres prouvent éloquemment la vitalité de notre Société.

M. le Président donne la liste des associations et des personnes auxquelles il adresse le Bulletin de la Société. On approuve cette liste, en témoignant le désir qu'autant que possible il s'établisse des échanges, par l'envoi réciproque de Bulletins, entre la Société des *Amateurs naturalistes* et d'autres Sociétés.

Il est ensuite décidé que la prochaine excursion aura lieu le Dimanche 21 Juillet, entre Dun, Mont-devant-Sassey, Villers-devant-Dun et Montigny.

Le Président,
PH. PIERROT.

Le Secrétaire des séances,
A. VUILLAUME.

L'EXCURSION DU 21 JUILLET 1889.

Par M. Ph. PIERROT.

La quatrième exploration de la Société, fixée au dimanche 21 Juillet, n'a pas été favorisée par le beau temps. L'année 1889 s'était départie pour cette fois des belles journées ensoleillées dont elle avait été si prodigue jusque-là.

Cette excursion avait été décidée dans la réunion précédente, tenue à Breux, et devait avoir pour théâtre le massif boisé et montagneux compris entre Dun, Doulcon, Mont et Montigny.

Dès le matin, le ciel était brumeux, ce qui n'a pas empêché quelques sociétaires des plus éloignés de tenir bon contre les menaces de pluie et d'être rendus par des voies diverses, à 8 heures 51 du matin, à la gare de Dun, assignée comme lieu de rendez-vous.

Des lettres de convocation avaient été adressées à tous les membres de la Société, ainsi qu'aux instituteurs non sociétaires des cantons de Dun et Stenay, dont plusieurs avaient répondu à notre appel.

Etaient présents : MM. de Bullemont, d'Aincreville, Cardot, de Stenay, Duchesne, de Villers-devant-Dun, Pierrot, de Montmédy, Voisard, de Montmédy, Vuillaume, de Stenay, sociétaires, et MM. Grandjean, instituteur à Brieulles-sur-Meuse, Noailles, instituteur à Wiseppe, Pierre, instituteur à Lion-devant-Dun, Pierret, instituteur en retraite également à Lion-devant-Dun et Richier, instituteur à Murvaux, auxquels est venu s'adjoindre, à Mont-devant-Sassey, M. Cordonnier, instituteur de cette localité, ce qui porte à 12 le nombre des assistants à la réunion du 21 juillet.

A peine sortie de la gare de Dun, la petite colonne est assaillie par des gouttes de pluie. Mais on va quand même de l'avant, plein de confiance et persuadé qu'il ne s'agit que d'un brouillard passager, ainsi qu'il arrive souvent de la pluie du matin « qui passe son chemin, » selon un dicton du pays.

Tout d'abord, aux approches du village de Doulcon, notre savant confrère M. de Bullemont, qui connaît à fond la flore de cette région, nous indique dans un champ de lin la présence de *Lolium linicola* et de *Camelina fœtida*, toutes deux espèces fort intéressantes.

On se met ensuite en marche vers la ferme de Jupille, en suivant un chemin d'exploitation qui sillonne une plaine chargée de riches épis. Chemin faisant sont récoltés : *Allium vineale*, qui est assez rare, *Astragalus Cicer*, espèce rare chez nous, et complètement inconnue dans toute la Belgique, puis *Sedum fabaria*, *Centaurea calcitrapa*, et *Eryngium campestre*.

Cette plante, connue sous le nom de *Chardon Roland*, démonte quelque peu les novices en botanique, qui ne se doutent guère que ce prétendu chardon est une Ombellifère. Ses larges feuilles glauques le signalent de loin. Constatons en passant que, très abondant tout le long de la vallée de la Meuse, on ne le rencontre plus au-delà de Baâlon et qu'il est totalement inconnu dans la partie nord-est de l'arrondissement (cantons de Montmédy, Damvillers et Spincourt).

Une ondée, bienfaisante pour les biens de la terre, mais à coup sûr fort désagréable pour nous, se met à tomber sans discontinuer, et nous gagnons tant bien que mal la ferme de Jupille, sous le vaste portique de laquelle on s'arrête en devisant sur les souvenirs historiques qui se rattachent à ce vieux domaine, lequel, d'après les historiographes du pays, doit avoir des liens de parenté avec le Jupille du pays de Liége, berceau de la famille des Carlovingiens. Ce coin de terre est d'ailleurs fertile en traditions ou légendes se rapportant aux premiers âges de notre histoire.

L'averse ayant un peu cessé, nous nous en allons, sous la conduite de M. Leplomb, fermier, visiter la source pétrifiante de Jupille, la plus curieuse du département, ainsi qu'il résulte des observations de M. Amand Buvignier, le savant et regretté auteur de la *Géologie de la Meuse.*

La source jaillit abondante du flanc du coteau et forme un étang dont l'eau, d'une limpidité de cristal, ne peut nourrir aucun poisson, tellement elle est chargée de principes calcaires. Pour la même raison, cette nappe d'eau est absolument exempte de toute trace de végétation. Aussi en distingue-t-on très nettement le fond pierreux.

Au sortir de l'étang, la source, qui forme aussitôt un fort ruisseau, alimente une roue de moulin qui, paraît-il, a besoin d'être débarrassée de temps à autre, à coups de hache, des concrétions calcaires qui s'y forment et qui finiraient par entraver son mouvement.

Après avoir ramassé quelques curieuses pétrifications dans le cours du ruisseau, les excursionnistes reviennent à l'observation des végétaux et constatent, dans les fourrés qui font le tour de l'étang, la présence des espèces suivantes : *Atropa belladona*, *Hyosciamus niger* et *Leonurus cardiaca.*

Mais la pluie se reprend à tomber de plus belle. A notre grand regret, nous perdons la société de notre aimable collègue, M. de Bullemont, qui, un peu souffrant, ne peut se résigner à affronter plus longtemps de telles intempéries et nous quitte pour regagner Aincreville, peu distant de là.

Tout désolés de ce contretemps, nous gravissons sous une véritable rafale d'eau la lande herbeuse qui nous sépare du bois, tout en recueillant : *Teucrium montanum*, *T. chamædrys*, *Phalangiun ramosum* et *Cirsium acaule.*

On se réfugie sous un hêtre touffu dont l'épais feuillage n'est pas encore percé à fond et l'on regarde tomber la pluie..., spectacle qui manque un peu de charme pour le moment.

Les cataractes du ciel consentent enfin à faire trêve et, tout trempés, nous pénétrons dans le bois de Mont, qui couronne le plateau.

Nous y trouvons, dès l'entrée, une carrière abandonnée sur les éboulis de laquelle nous découvrons : *Melittis melissophyllum* et *Epipactis atrorubens.*

Un de nos compagnons nous apprend que ce lieu est appelé dans le pays : *La pierre qui tourne*, d'après une vieille légende qui veut qu'il se soit trouvé là une pierre isolée, druidique ou autre, qui à l'heure de minuit, tournait deux fois sur elle-même ; tradition qui a cours également à quelques lieues de là, à Cesse et Luzy, à propos d'un lieudit situé dans les bois de cette commune et appelé la *Pierre qni vire* ou *qui tourne* ou autrement encore le *Jardin de la Demoiselle.* Rappelons en passant que ce dernier site est une station où le *Scilla bifolia* se trouve abondant au premier printemps.

Mais qu'est-ce ? Le bourguignon se met de la partie. En d'autres termes, le soleil daigne darder sur nous quelques rayons qui ont bientôt fait de dissiper le rideau de nuages accumulés à l'horizon. C'est sous la bienfaisante influence de cette chaleur, qui sèche rapidement nos habits, que nous traversons les clairières de la forêt en y recueillant : *Seseli libanotis, Digitalis lutea, Atropa belladona* derechef, *Dianthus armeria*, *Euphorbia amygdaloïdes*, *Teucrium scorodonia, Sorbus aria, S. torminalis, Conyza squarrosa, Senecio saracenicus, Brachypodium pinnatum, B. sylvaticum*, puis plus loin, en descendant sur Mont, *Equisetum telmateja.*

Nous arrivons à ce village où nous commandons le déjeuner. Pendant la préparation de celui-ci, nous nous rendons à l'église de Mont, curieux monument historique, situé sur une éminence en dehors du village, d'où l'on embrasse un panorama grandiose, qui s'étend sur toute la belle plaine de Mouzay, jusque par delà Stenay, Martincourt et Inor. On a à ses pieds la Meuse et en face de soi la Côte Saint-Germain avec la verdoyante forêt de Woëvre ou Saint-Dagobert, à l'arrière-plan.

Nous admirons ce splendide paysage, égayé de villages aux maisons blanches et aux toits rouges, et nous n'avons garde de négliger l'église, si habilement restaurée ; nous en visitons la crypte romane, si intéressante pour l'archéologue ; trouvant la porte du clocher ouverte, nous en profitons pour pousser jusqu au sommet de la flèche, d'où le coup d'œil est vraiment resplendissant sous l'effet d'un magnifique soleil.

Après avoir remarqué que les trois cloches se sonnent sous la poussée des pieds et non à la corde, ainsi que les choses se passent habituellement, nous redescendons à l'auberge Grandjean, où il est fait copieusement honneur à un repas agrémenté de vin des coteaux de Mont. Nous sommes en effet au centre d'un des plus importants vignobles de la contrée, et nous saluons au passage ces pampres chargés de grappes qui promettent une fructueuse récolte pour l'automne prochain.

Nous profitons aussi de notre présence à Mont pour visiter la fonderie de cloches de M. Farnier. Les honneurs nous en sont faits très gracieusement par Mme Farnier, qui nous initie obligeamment à tous les détails de la fabrication et de la décoration des cloches, tout en nous faisant voir celles qui sont en chantier, à destination de diverses églises de la région et même d'Orient.

Mais il se fait tard et il faut songer au retour, qui s'effectue le long d'un ruisseau sur les rives duquel est rencontré *Scrophularia Ehrharti*. Un peu plus loin, le long du chemin de Mont à Saulmory, nous trouvons *Thymus Chamædrys* et *Ononis spinosa* en touffes toutes blanches, par cas d'albinisme.

Enfin nous arrivons à la gare de Saulmory, trempés non plus de pluie, mais de sueur.

Dans un fossé, inondé l'hiver, mais très sec pour le moment, malgré la nature argileuse du sol, nous trouvons *Lycopus europæus*, *Pulicaria dyssenteria* et... *Pulicaria vulgaris*, que nous recherchions vainement depuis longtemps. Cette dernière espèce est une heureuse acquisition. Elle manquait à nos collections faites dans l'arrondissement, et enrichit notre catalogue d'une unité.

Enfin on s'arrache à la botanique. Le train est en vue et nous l'escaladons après avoir adressé un cordial adieu aux compagnons qui nous ont suivis jusque-là.

Nous rentrons chacun dans nos pénates, satisfaits en définitive de cette journée si mal commencée et si heureusement finie.

P. S. Nous avons appris que plusieurs de nos collègues avaient espéré être des nôtres jusqu'au dernier moment, entre autres MM. Errard, de Dun et Grandjean, de Petit-Cléry. Le mauvais temps seul les a retenus et nous a privés de leur aimable société.

SÉANCE DU 21 JUILLET 1889.

Les associés réunis à Mont-devant-Sassey, le dimanche 21 Juillet, se sont constitués en séance à trois heures après-midi.

Est proposé et admis comme membre correspondant :

M. Th. Nicolas, receveur des douanes, aux Aulnois (par Jarville (Meurthe-et-Moselle), présenté par MM. Pierrot et Voisard.

Il est décidé que la prochaine excursion aura lieu en Septembre prochain, entre Han-les-Juvigny, Vigneul et Montmédy.

Le Président,
PH. PIERROT.

Le Secrétaire,
A. VUILLAUME.

N. B. Par suite de diverses circonstances, l'exploration ci-dessus projetée n'a pu avoir lieu.

TENDANCE MÉDICATRICE DE LA NATURE.

Par M. J. COCU.

On désigne sous ce nom la propriété qu'ont les tissus vivants de réparer d'une manière plus ou moins complète les solutions de continuité qui les intéressent ou les pertes de substance qu'ils ont pu faire.

Cette faculté, développée au plus haut degré chez les animaux inférieurs, devient au contraire rudimentaire chez ceux qui occupent le sommet de l'échelle zoologique.

Prenons, en effet, un animal dont la place n'est que peu élevée dans la classification, le *lombric* ou ver de terre, et nous serons émerveillés en voyant la multitude des tronçons en lesquels nous l'aurons partagé, non seulement se cicatriser, mais finalement reproduire chacun un lombric parfait, absolument identique au premier.

En nous élevant davantage dans la série nous verrons encore avec quelle facilité merveilleuse les crustacés, comme l'écrevisse et le homard, régénèrent leurs pattes accidentellement perdues. Plus haut encore, chez les vertébrés même, la tendance appelée force médicatrice de la nature, se montre dans toute sa plénitude quand nous voyons la queue amputée d'un lézard se reproduire dans son entier, à tel point que l'œil le plus exercé ne pourrait soupçonner la mutilation, qu'à un moment donné, l'animal a subie.

Sous ce rapport, les animaux mammifères et l'homme lui-même, sont infiniment inférieurs aux déshérités de la création, et loin de pouvoir *rédintégrer* leurs membres amputés, ils sont souvent obligés de recourir à une foule d'artifices pour obtenir la cicatrisation des plaies n'intéressant même pas des organes essentiels.

Est-ce à dire que, sous ce rapport, la nature s'est montrée pour eux une marâtre ? Non, certainement ; bon nombre de faits recueillis par la science prouvent surabondamment le contraire. Je ne citerai, pour exemple, que la régénération partielle du cristallin après l'opération de la cataracte, la consolidation naturelle des fractures des os, etc., voulant arriver plus vite au cas qui nous a déterminé à écrire ces quelques lignes, et qui nous montre que la force médicatrice de la nature est encore parfois un facteur important dans la vie des animaux sauvages.

Il s'agit d'un renard tué à la chasse et dont un membre antérieur présentait, au niveau du tiers inférieur de l'avant-bras, une tumeur, mi-partie osseuse et mi-partie cartilagineuse, assez volumineuse et nettement délimitée.

A quoi donc était due cette lésion, dont rien extérieurement ne trahissait la cause ? Une dissection minutieuse se chargea de nous l'apprendre.

En effet, après avoir incisé la peau longitudinalement, nous mîmes à découvert la tumeur osseuse qui était séparée en deux parties par une profonde gouttière transversale au fond de laquelle se trouvait encore en place le corps du délit : un double fil de laiton tordu ; l'œillet d'un lacs tendu par quelque braconnier et dans lequel le pauvre animal s'était laissé prendre.

Désireux de recouvrer sa liberté, notre captif dut se livrer à de prodigieux efforts pour arriver à briser cette chaîne métallique dont l'étreinte devenait de plus en plus forte et qui lui sectionnait les chairs.

L'énergie de la pauvre bête fut récompensée, et libre enfin, elle put regagner son terrier, mais, au prix de quelles souffrances ! A en juger par le tissu cicatriciel, il avait dû y avoir là une plaie circulaire profonde d'un centimètre au moins et même plus à certains endroits, plaie intéressant tous les tissus mous, peau, muscles, etc., susjacents aux os, à l'exception des faisceaux vasculo-nerveux logés au fond de la gouttière radio-cubitale, et dont l'heureuse conservation avait évité la mort par hémorrhagie et permis ultérieurement le bon fonctionnement de la partie inférieure du membre.

Qu'un accident analogue fût arrivé à un homme ou à un animal domestique, que de soins d'un médecin ou d'un vétérinaire il eût fallu pour amener la cicatrisation : extraction du corps étranger, avivement des bords de la plaie, désinfection, suture, pansements, etc.

Chez le sujet en question, la nature fut le seul médecin et la guérison, sinon aussi rapide, du moins aussi complète. Le corps du délit resta en place, comme le bracelet des menottes d'un forçat qui en a brisé la chaîne ; les tissus bourgeonnèrent, se rejoignirent par-dessus lui, se soudèrent en l'englobant d'une façon si complète que, sans la dissection, sa présence n'eût pu être soupçonnée.

Des faits de ce genre, chez les animaux vivant à l'état de nature ne sont pas absolument rares, et les tanneurs ont, paraît-il, assez souvent l'occasion d'en observer. Celui que le hasard a fait tomber sous nos yeux nous a paru assez intéressant pour être sauvé de l'oubli et c'est ce qui nous a engagé à le porter à la connaissance des membres de notre Société qu'il pourrait intéresser.

UN NOUVEL ENNEMI DES MOISSONS

Par MM. J. Cardot et J. Cocu.

On a remarqué cette année dans notre région les dégâts commis dans les champs de blé et de seigle surtout par un petit escargot du genre Hélice, à coquille blanche, déprimée, de 4 à 5 millimètres de diamètre. Ce mollusque montait le long des tiges du seigle qu'il coupait à la base de l'épi. Des champs entiers ont été ainsi dévastés peu de temps avant la moisson, principalement le long des bois. C'est probablement pendant la nuit que le méfait s'accomplissait, car dans la journée on trouvait toujours le mollusque au repos.

Quelques personnes attribuaient ces dégâts aux sauterelles, mais un examen minutieux des seigles ravagés nous a convaincus que l'auteur du délit était bien l'escargot en question. En effet, presque tous les champs dévastés étaient bordés de petites bandes gazonnées, de terrain en friche donnant abri à une quantité considérable de ces mollusques. En pénétrant à l'intérieur du champ, on en trouvait encore un certain nombre, les uns attachés aux épis déjà plus ou moins déchiquetés qui couvraient le sol, d'autres arrêtés à diverses hauteurs le long des chaumes. Quelques-uns se trouvaient à la base des épis dont ils semblaient avoir commencé le sectionnement; nous avons même recueilli quelques épis qui n'étaient plus adhérents à leur tige que par la mucosité desséchée de l'escargot formant une véritable colle. La constatation authentique de ce dernier fait nous a paru tout à fait démonstrative et de nature à mettre hors de doute la culpabilité de l'escargot.

Nous avons communiqué des spécimens de cette Hélice à l'un de nos malacologues les plus distingués, M. Ph. Dautzenberg, qui a bien voulu la déterminer et nous donner des renseignements sur son aire de dispersion. Voici ce qu'il nous a écrit à ce sujet :

« Le petit mollusque que vous m'avez envoyé est l'*Helix* « *unifasciata* Poiret (*H. candidula* Studer). Son aire de « dispersion comprend presque toute la France, la partie « méridionale de la Belgique, l'Allemagne méridionale et « occidentale ; on le retrouve jusqu'en Russie. Il est parti- « culièrement abondant aux environs de Metz. Son habitat « ordinaire est sur les graminées sèches, mais je n'ai ja- « mais entendu dire qu'il ait causé des dégâts aux mois- « sons. C'est donc là un fait intéressant que vous ferez « bien de signaler dans la publication de votre nouvelle « Société, à laquelle je souhaite une grande prospérité et « une longue durée. »

M. Dautzenberg ajoute gracieusement qu'il se met volontiers à la disposition de ceux de nos membres qui désireraient s'occuper de malacologie pour leur déterminer les espèces qu'ils pourraient rencontrer dans notre région. Nous souhaitons que quelques-uns d'entre nous profitent de cette offre aimable. Ils pourraient adresser leurs envois à M. J. Cardot, à Stenay, qui se chargerait de les faire parvenir à M. Dautzenberg.

LE CORMORAN

Par M. J. COCU.

Habitant ordinaire du littoral, de l'embouchure des grands fleuves aux rives boisées, ou d'iles désertes qui lui servent de lieux de repos, rarement le cormoran remonte au loin dans les terres où sa présence, tout à fait exceptionnelle, mérite d'être signalée au même titre que celle d'une plante introduite, qu'un botaniste a le heureux hasard de récolter loin de son habitat ordinaire, en dehors de son aire géographique.

Aussi, n'est-ce pas sans surprise que l'hiver dernier nous avons vu le cadavre d'un de ces magnifiques oiseaux, qu'un batelier venait d'abattre sur un des grands peupliers qui avoisinent les forges de Stenay et sur lesquels quelques individus avaient élu domicile depuis plusieurs jours.

A quoi tient donc la présence aussi rare de cet oiseau sur les bords de nos cours d'eau, même les plus importants, d'autant plus que sa distribution géographique nous le montre répandu à la surface du globe sous les climats les plus divers? La réponse est bien simple, et nous la trouvons dans le double fait suivant : d'habitudes excessivement sociales, vivant en bandes nombreuses comptant quelquefois plusieurs milliers d'individus, le cormoran est de plus un grand mangeur.

Son robuste appétit est supérieur à celui d'un homme, et pour être satisfait, n'exige pas moins de trois à quatre kilogrammes de poisson chaque jour. Nos cours d'eau les plus poissonneux seraient vite dépeuplés s'ils étaient visités par ces voraces palmipèdes qui leur préfèrent le voisinage de la pleine mer où ils trouvent une pêche plus assurée.

Excellent nageur, et, comme tel possédant une conformation parfaitement en rapport avec les exigences de la vie aquatique, le cormoran fréquente volontiers les arbres où il aime à percher et au sommet desquels il niche, ce que au premier abord ses doigts palmés ne feraient certainement pas supposer.

Cet oiseau est très carnassier ; d'ailleurs ce que nous avons dit plus haut de son appétit nous l'aurait fait pressentir. Son corps épais et trapu, les puissantes mandibules de son bec, toutes deux recourbées à leur extrémité libre en un fort crochet, lui donnent une certaine apparence d'oiseau de proie. Sa taille peut atteindre un mètre de longueur et ses ailes déployées un mètre et demi, et même plus d'envergure.

Le fond de son pelage d'un vert noirâtre à reflets métalliques lui a valu le nom de corbeau de mer que lui donnent les habitants des côtes. Le bec, noir à son extrémité, devient jaune à sa base et cette teinte se continue sur la face et la gorge en une tache bordée d'une autre, blanche comme celle que l'on remarque sur les flancs. Ses pieds sont noirs.

Pendant la saison des amours, le mâle revêt une parure de noce qui consiste en la présence, sur la tête, d'un panache de plumes blanches très délicates, plus longues que les autres.

Le cormoran s'apprivoise facilement et peut même être dressé pour la pêche, à la condition toutefois de lui passer autour du cou, un anneau métallique, qui l'empêche de déglutir le poisson dont il a pu s'emparer et le force à demeurer fidèle à son maître.

La pêche au cormoran est très usitée en Chine ; elle est fructueuse et quelquefois palpitante d'intérêt pour les spectateurs.

Ces oiseaux sont très bien armés pour la lutte pour l'existence, car leur faculté d'adaptation est grande.

Brehm raconte qu'au jardin zoologique de Vienne, des cormorans trouvant sans doute insuffisante la nourriture qu'on leur fournissait, faisaient très adroitement la chasse aux hirondelles qui rasaient leur bassin pour s'y baigner ou y chercher des insectes. Le corps complètement submergé, la tête rejetée en arrière, de manière à ne laisser que l'extrémité de leur bec hors de l'eau, ils happaient au passage, avec une extrême vivacité, les imprudentes qui passaient à leur proximité, les tuaient d'un vigoureux coup de bec et les déglutissaient en un clin d'œil.

PLANTES RARES DES ENVIRONS DE VERDUN.

Par M. Ch. PANAU.

Il ne m'a été possible, jusqu'à présent, d'explorer les environs de Verdun que dans un rayon de quelques kilomètres. J'espère bien agrandir d'année en année, le cercle de mes excursions, au fur et à mesure que mes loisirs me le permettront. Je désire surtout visiter sérieusement l'Argonne ; cette partie si intéressante de notre département a été jusqu'alors trop peu étudiée, je crois, et, certainement elle réserve plus d'une surprise au point de vue botanique, à celui qui l'explorera sérieusement.

En attendant, je me fais un plaisir de signaler à la *Société des Amateurs naturalistes du Nord de la Meuse*, les quelques plantes intéressantes que j'ai pu récolter. C'est une simple liste, dans laquelle je suivrai l'ordre adopté dans la *Liste des Plantes vasculaires observées dans l'arrondissement de Montmédy*, par MM. Pierrot et Cardot.

Ranunculus lingua L.
Une seule station ; dans une mare près de Verdun.

Corydalis lutea DC.
Abondant sur les vieux murs à Verdun.

Corydalis cava Schw.
Haies des jardins de St-Barthélemy à Verdun.

Bunias orientalis L.
Très abondant sur les remparts.

Dentaria pinnata G. et God.
Une seule station : bois de Tavanne.

Sisymbrium supinum L.
Près du Pont de Montgrignon.

Lepidium latifolium L.
Baignade militaire.

Dianthus carthusianorum L.
Abondant à Tavanne, à Belleraye.

Silene noctiflora L.
Dans les moissons.

Linum Leonii Schultz.
Pelouses séches de Saint-Michel.

Hypericum montanum L.
Bois Saint-Airy, à Verdun.

Genista pilosa L.
Pelouses sèches de la Renarderie et Saint-Michel.

Cytisus decumbens Wall.
Mêmes stations que le précédent.

Vicia pisiformis L.
Bois de Thierville.

Cracca villosa G. et God.
Dans un champ, à Tavanne.

Cracca varia G. et God.
Décombres près de la Porte-Chaussée.

Potentilla recta L.
Ancien manège de cavalerie.

Potentilla collina Wib.
Grèves de l'écluse de Belleraye.

Lascrpitium latifolium L.
Bois de Tavanne et de Baleicourt.

Helosciadium repens Koch.
Bords de la Meuse : Pré l'Evêque.
Falcaria Rivini Host.
Champ moissonné : bords du Champ de Mars.
Tordilium maximum L.
Très abondant à Belleville.
Galium erectum Huds.
Champs cultivés.
Filago germanica L.
Champs près de Bourvaux.
Pulicaria vulgaris Gœrtn.
Lieux inondés à Belleraye.
Filago gallica L.
Champs incultes.
Serratula tinctoria L.
Bois de Tavanne et de Saint-Michel.
Lactuca Saligna L.
Bords du chemin de fer.
Hieracium asperum Schl.
Sous le Chaufour.
Hieracium prœaltum Vill.
Chemin de St-Michel.
Crepis pulchra L.
Bords des chemins : abondant.
Kentrophyllum lanatum DC.
Redoute de la Chaume : lieux incultes.
Leontodon proteïformis Vill.
Var. *glabratus* Koch.
Bois de Baleicourt.
Veronica persica Poir.
Talus des routes.
Mentha Pulegium L.
Prairie humide à Conflans.
Chenopodium vulvaria L.
Devant le Pigeonnier militaire.
Polygonum pusillum Lam.
Prairies de Belleville.
Ulmus effusa Wild.

Remparts de Verdun.

Asarum europæum L.

Fontaine des Saules.

Salix rubra Huds.

Bords de la Meuse.

Salix aurita L.

Bois de Thierville.

Allium sphærocephalum L.

Pelouses sèches de Montgrignon.

Juncus obtusiflorus Ehrh.

Ruisseau de Tavanne.

Juncus tenageia Ehrh.

Beaulieu : lieux humides de la forêt.

Lemna gibba L.

Ruisseau du Bicquenel.

Typha angustifolia L.

Mares de la Meuse.

Carex maxima Scop.

Forêt d'Argonne.

Carex humilis Leyw.

Abondant à Saint-Michel et à la Renarderie.

Carex pseudo-cyperus L.

Forêt d'Argonne : étang des deux Busines.

Phleum Bœhmeri Wib.

Côte Saint-Michel.

Melica nutans L.

Bois de Tavanne et de Baleicourt.

Alopecurus fulvus Sm.

Lieux inondés dans l'ancien Champ de Mars.

Alopecurus utriculatus Pers.

Prairie de Baleicourt.

Polypodium dryopteris L.

Côte Sainte-Anne, à Clermont-en-Argonne.

J'ai rencontré aussi un seul pied de *Brassica nigra*, Koch, dans un champ cultivé à la côte St-Michel, puis, dans l'Argonne, en descendant la côte de Beaulieu, un seul pied de *Campanula cervicaria* L., sur le talus du chemin.

Enfin, je termine en signalant la présence d'une mousse qui me paraît être abondante à Verdun et aux environs ; c'est le *Bryum roseum* Schreb. J'en connais deux stations dans les fonds du bois de St-Michel, et une autre station dans les bois des fonds de Belrupt. Cette espèce ne figure pas dans le *Catalogue des Mousses des environs de Stenay et de Montmédy*, publié en 1882, par M. J. Cardot.

L'INONDATION DES CAVES DE HARAUMONT.

Nous avons reçu à ce sujet la lettre suivante à laquelle nous donnons volontiers l'hospitalité dans les colonnes de ce recueil.

« Monsieur le Président de la *Société des Amateurs naturalistes du Nord de la Meuse*,

« Je viens vous remercier d'avoir bien voulu me faire parvenir le compte-rendu de l'excursion botanique faite à Mont-devant-Sassey en 1889, et vous présenter en même temps les observations suivantes sur la particularité signalée par M. Vuillaume, et ayant trait à l'inondation des caves de Haraumont lorsque la Meuse déborde. (Compte-rendu du 5 juin 1889, page 67).

« Le même phénomène se produit à Mont-devant-Sassey; les puits de la rue dite « Fond Charmé » débordent lorsque les prairies comprises sous la dénomination de « Plaine de Mouzay » sont couvertes par les eaux.

« L'explication de ce même phénomène pour les deux localités de Mont et de Haraumont, m'a été donnée par un colonel, inspecteur des travaux géographiques qu'exécutaient les élèves de l'Ecole de guerre, quelques mois avant les grandes manœuvres qui se sont terminées par la revue de Brieulles-sur-Meuse. Voici ce qu'il m'a dit, en présence de M. l'Inspecteur primaire de Montmédy :

« Cette augmentation de l'eau dans les puits de Mont et « l'inondation des caves de Haraumont sont dues à l'infil- « tration des eaux provenant de la nappe des déborde- « ments, dans la couche calcaire ou sableuse du sol. Cette « infiltration a pour effet d'empêcher l'eau des puits, etc. « de s'écouler à travers le calcaire ou le sable ; et, comme « ces puits, etc. sont sans cesse alimentés par les eaux de « la partie supérieure du territoire, il en résulte qu'ils « débordent eux-mêmes. »

« Je crois que cette explication, si simple en apparence, est la vraie, et j'ai cru me faire un devoir de vous la donner.

« Veuillez agréer, etc.

« *L'Instituteur de Mont,*

« F. CORDONNIER. »

Tout en remerciant M. Cordonnier de son obligeante communication, nous ferons remarquer que l'explication donnée dans la lettre qui précède ne nous semble pas pouvoir rendre compte de l'inondation des caves de Haraumont. Il est vraisemblable en effet qu'à Mont-devant-Sassey, situé à une faible altitude au-dessus du niveau de la Meuse, les crues du fleuve arrêtent ou retardent l'écoulement des nappes d'eau alimentant les puits du village ; mais il n'est guère possible qu'il en soit de même à Haraumont qui se trouve à plus de 100 mètres au-dessus du niveau de la Meuse, et sur une couche géologique différente de celle qui constitue le fond de la vallée.

Note de la rédaction.

Quelles sont les espèces de notre Flore véritablement indigènes ?

Par M. J. CARDOT.

La *Liste des Plantes vasculaires observées dans l'arrondissement de Montmédy*, imprimée en 1882, énumère 939 espèces ; ce chiffre se trouve actuellement porté à 1009. Il nous a paru intéressant de rechercher combien de ces espèces peuvent être considérées comme véritablement autochthones, c'est-à-dire appartenant à la flore primitive du pays.

Cette flore a nécessairement subi, dans le cours des siècles, de profondes modifications dues à la main de l'homme. Celui-ci, en défrichant les forêts, en asséchant les marais, en livrant les terrains vierges au soc de la charrue, a singulièrement restreint le domaine primitif d'un grand nombre de végétaux. Il est probable que plusieurs de nos espèces aborigènes ont disparu peu à peu devant les empiètements successifs de la culture ; d'autres, d'abondantes qu'elles étaient jadis, sont devenues rares, par suite de la disparition graduelle des conditions favorables à leur extension.

Mais cet appauvrissement de la flore primitive a été largement compensé par l'introduction des végétaux cultivés et des nombreuses espèces adventives qui foisonnent maintenant dans nos cultures. Actuellement encore, les chemins de fer et les canaux nous amènent chaque jour des hôtes nouveaux, dont quelques-uns finissent par acquérir droit de cité.

Nous allons, dans les pages suivantes, faire le recensement de toutes ces espèces d'origine étrangère, afin d'en dégager l'élément véritablement indigène. On pourra, par là, se rendre compte, dans une certaine mesure, des modifications apportées par l'action séculaire de l'homme à la végétation originelle de la contrée.

Nous avons pris pour base de ce travail la *Liste des Plantes vasculaires de l'arrondissement de Montmédy*, en tenant compte, bien entendu, des découvertes faites postérieurement à la publication de ce catalogue (1). Parmi les ouvrages que nous avons consultés, nous citerons surtout la *Flore de Lorraine*, de Godron, et l'*Essai sur la Géographie botanique de la Lorraine*, du même auteur.

I

Bien peu de végétaux cultivés dans notre pays appartiennent à la flore primitive du sol. On ne peut guère citer comme tels que la Carotte *(Daucus Carota)*, les Fraisiers *(Fragaria vesca* et *F. magna)*, le Framboisier *(Rubus Idæus)*, le Groseillier à maquereaux *(Ribes grossularia)*, le Poirier et le Pommier *(Pyrus communis* et *P. acerba)*, et quelques Légumineuses fourragères *(Trifolium pratense, T. repens, Medicago lupulina)*. Toutes nos autres plantes domestiques sont d'origine étrangère.

Nous allons donner la liste de celles que l'on cultive le plus généralement dans notre pays, et dont la plupart, échappées des jardins et des cultures, se rencontrent souvent à l'état subspontané au milieu de nos espèces indigènes. Elles comprennent les légumes, les céréales, les plan-

(1) J'ai compris dans ce travail plusieurs plantes nouvelles pour l'arrondissement, récoltées en 1889, au cours des excursions de la Société, ainsi qu'un certain nombre d'autres espèces recueillies par M. de Bullemont dans les cantons de Dun et de Montfaucon.

Un travail de M. de Bullemont renfermant la liste des découvertes qui lui sont propres sera publié dans un prochain fascicule.

tes fourragères, textiles et oléagineuses, les arbres à fruits et ceux cultivés pour leur bois ou plantés le long de nos routes et autour de nos habitations. Il faut y ajouter encore quelques plantes cultivées dans les jardins pour des usages médicaux.

Une partie de ces plantes sont originaires de diverses régions de l'Europe ; quelques-unes nous sont venues d'Amérique ; d'autres enfin, comme les céréales, sont d'origine orientale, et leur introduction dans nos pays remonte sans doute à l'époque des grandes migrations des nations asiatiques qui ont peuplé l'Europe.

Papavéracées. — Papaver somniferum.

Crucifères. — Raphanus sativus. Brassica oleracea. B. Napus. B. asperifolia. Camelina sativa.

Linées. — Linum usitatissimum.

Malvacées. — Althæa officinalis.

Acérinées. — Acer platanoïdes.

Ampélidées. — Vitis vinifera.

Hippocastanées. — Æsculus hippocastanum.

Papilionacées. — Lupinus luteus. Medicago sativa (1). Trifolium incarnatum. T. hybridum. Robinia pseudo-Acacia. Phaseolus vulgaris. Vicia sativa. V. Faba. Lens esculenta. Pisum sativum. P. arvense. Lathyrus sativus. Onobrychis sativa (2).

Amygdalées. — Persica vulgaris. Prunus domestica. P. Armeniaca. P. Cerasus.

Pomacées. — Mespilus germanica (3). Cydonia vulgaris.

Grossulariées. — Ribes rubrum (4). R. nigrum.

Ombellifères. — Petroselinum sativum. Anthriscus Cerefolium.

(1) On trouve fréquemment au bord des routes un hybride de cette espèce et du *M. falcata. (M. falcato-sativa)*.

(2) Cette plante se rencontre souvent sur les coteaux calcaires avec toute l'apparence d'une plante spontanée ; mais son origine étrangère n'est cependant pas douteuse.

(3) Rarement subspontané chez nous, cet arbre est répandu, à l'état indigène, dans les bois de l'Ardenne, et dans quelques localités de la Lorraine.

(4) Subspontané et naturalisé au bord de la Chiers, aux environs de Montmédy.

Synanthérées. — Artemisia Absinthium. Cichorium Endivia. Lactuca sativa.

Borraginées. — Borrago officinalis.

Solanées. — Solanum tuberosum.

Labiées. — Saturcia hortensis. Melissa officinalis.

Salsolacées. — Atriplex hortensis. Beta vulgaris.

Polygonées. — Polygonum Fagopyrum.

Cannabinées. — Cannabis sativa.

Juglandées. — Juglans regia.

Cupulifères. — Castanea vulgaris (1).

Salicinées. — Salix hippophaæfolia. Populus alba. P. dilatata. P. virginiana. P. canadensis.

Abiétinées. — Pinus sylvestris. P. strobus. P. Picea. P. Abies. P. Larix.

Liliacées. — Allium sativum. A. Porrum. A. Ascalonicum. A. Cepa. A. Schœnoprasum.

Asparaginées. — Asparagus officinalis.

Graminées. — Avena sativa. A. orientalis. Hordeum vulgare. H. distichum. Secale cereale. Triticum vulgare. T. turgidum.

Il faut ajouter à cette liste quelques plantes et arbustes cultivés pour l'ornement de nos jardins, et qui se répandent parfois dans les alentours.

Berbéridées. — Berberis vulgaris.

Fumariées. — Corydalis lutea.

Crucifères. — Hesperis matronalis.

Staphyléacées. — Staphylea pinnata.

Papilionacées. — Cytisus Laburnum.

Rosacées. — Spiræa hypericifolia.

Caprifoliacées. — Symphoricarpus racemosus.

Crassulacées. — Sedum spurium.

Synanthérées. — Petasites niveus. P. fragrans. Silybum Marianum.

Borraginées. — Myosotis alpestris.

Solanées. — Lycium barbarum.

Scrophularinées. — Antirrhinum majus. Linaria cymbalaria.

Liliacées. — Ornithogalum umbellatum.

Amaryllidées. — Narcissus poeticus.

(1) Très rarement planté dans notre pays.

II

Le botaniste est souvent très surpris de rencontrer des plantes complètement étrangères à la flore du pays, qui n'y sont pas cultivées, et dont, par conséquent, la présence lui semble tout d'abord inexplicable. Mais un examen plus attentif ne tarde pas à lui donner la clef de l'énigme : ces espèces ne se rencontrent en effet que dans certaines cultures spéciales, telles que champs de luzerne, de trèfle ou de lin, dans le voisinage des usines, ou bien encore le long des voies ferrées et des canaux. Il est dès lors facile de comprendre comment elles sont arrivées chez nous ; les unes sont introduites avec les semences de certaines plantes cultivées : c'est ainsi que les graines de luzerne et de trèfle que l'on fait venir du midi de la France, nous fournissent un large contingent d'espèces méridionales ; les autres arrivent des pays voisins avec les marchandises transportées par les chemins de fer et les bateaux. Quelques espèces même ont traversé l'Océan (*Œnothera biennis*, *Erigeron canadensis*, *Stenactis annua*, *Amsinckia intermedia*, *Elodea canadensis*).

Presque toutes ces étrangères ne sont que des hôtes d'un jour : notre climat ne leur permet pas de mûrir leurs graines, et comme la plupart sont annuelles ou bisannuelles, elles disparaissent après la floraison, pour être remplacées l'année suivante par d'autres espèces, dont l'apparition est tout aussi éphémère. On peut dire de cette catégorie de plantes qu'elle constitue la population flottante de notre flore. Quelques-unes, cependant, parviennent à se maintenir et même à se propager dans une certaine mesure (par exemple : *Bunias orientalis*, *Asperula galioïdes*, *Salvia verticillata*, *Gaudinia fragilis*). Deux espèces seules, *Erigeron canadensis* et *Elodea canadensis*, se sont complètement naturalisées et ont acquis droit de cité dans notre flore.

Voici la liste des plantes introduites accidentellement dans notre pays, et dont beaucoup n'y ont été trouvées qu'une seule fois.

Crucifères. — Sinapis alba. Erucastrum Pollichii. Berteroa incana. Roripa rusticana. Camelina fœtida. Calepina Corvini. Bunias Erucago. B. orientalis. Isatis tinctoria (1). Lepidium Draba. L. sativum. Rapistrum rugosum.

Malvacées. — Althæa hirsuta.

Papilionacées. — Medicago denticulata. M. maculata. Melilotus alba. Trifolium resupinatum.

Rosacées. — Potentilla recta.

Onagrariées. — Œnothera biennis.

Ombellifères. — Ammi majus. A. intermedium.

Rubiacées. — Asperula galioïdes.

Synanthérées. — Erigeron canadensis (2). Stenactis annua. Chrysanthemum segetum (3). Cota tinctoria (4). Cirsium bulbosum. Centaurea solstitialis. Helminthia echioïdes. Tragapogon orientalis. Barkhausia setosa. Crepis nicæensis.

Cuscutacées. — Cuscuta epilinum.

Borraginées. — Anchusa italica. Amsinckia intermedia.

Scrophularinées. — Linaria striata (5). Veronica persica.

Labiées. — Salvia verticillata.

Amarantacées. — Amarantus Blitum. A. retroflexus.

Iridées. — Gladiolus communis.

(1) Cette crucifère a été jadis cultivée en Lorraine comme plante tinctoriale; il est possible que les rares échantillons que l'on rencontre encore ça et là, au bord des routes et le long des rivières, soient un dernier vestige de la culture de cette plante dans nos pays.

(2) Introduite en Europe il y a deux siècles environ, cette plante est maintenant complètement naturalisée. On la rencontre partout, le long des routes, sur les murailles et même dans les bois.

(3) Trouvé une seule fois dans nos environs; espèce extrêmement abondante en Belgique dans toutes les moissons de la région ardennaise.

(4) M. Godron paraît considérer cette plante comme indigène en Lorraine. Il est en tous cas certain qu'elle n'est pas spontanée dans notre arrondissement.

(5) Cette espèce, indigène dans la partie méridionale du département de la Meuse, n'existe chez nous qu'à l'état de plante introduite. On la trouve fréquemment sur les voies ferrées.

Hydrocharidées. — Elodea canadensis (1).

Graminées. — Vulpia sciuroïdes. Lolium italicum. L. linicola. Gaudinia fragilis. Scleropoa rigida.

III

On désigne sous le nom de *messicoles* cette foule de plantes qui foisonnent dans les moissons, au grand détriment de nos céréales, et que l'on appelle vulgairement *mauvaises herbes*. Ces hôtes incommodes profitent de tous les soins que nous donnons à nos plantes cultivées, sans lesquels il leur serait impossible de se maintenir longtemps chez nous ; aussi ne les rencontre-t-on guère que dans les cultures ; quelques espèces cependant se répandent dans les haies et au bord des bois. Presque toutes ces plantes sont probablement originaires de l'Europe orientale et de l'Asie, et leur apparition dans nos pays paraît, pour la plupart, remonter à l'époque de l'introduction des céréales.

Voici l'énumération de ces plantes, qui constituent l'élément le plus important de notre flore adventive, et qui, par leur abondance, ont le plus contribué à modifier l'aspect de la végétation primitive du pays.

(1) Cette Hydrocharidée, observée pour la première fois en Europe au commencement de ce siècle, s'y est propagée avec une singulière rapidité ; elle est maintenant répandue en France, en Belgique, en Hollande, en Allemagne et dans les Iles britanniques. Chez nous, je l'ai observée pour la première fois en 1878, dans la vallée de la Meuse, où elle était peut-être amenée par les travaux du Canal de l'Est. Elle s'y est tellement propagée depuis lors, qu'elle y est devenue une de nos plantes aquatiques les plus communes. Ses facultés d'expansion sont d'autant plus remarquables, qu'elle est dioïque, et que la plante mâle paraît ne pas exister en Europe. Elle ne peut donc se propager qu'à l'aide de ses tiges très fragiles, que les eaux emportent au loin et déposent sur les bords vaseux des rivières et des canaux, où elles ne tardent pas à s'implanter et à se développer vigoureusement.

Renonculacées. — Adonis æstivalis. A. flammea. Myosurus minimus. Ranunculus arvensis. Nigella arvensis. Delphinium Consolida.

Papavéracées. — Papaver Rhœas. P. dubium. P. Argemone.

Fumariées. — Fumaria officinalis. F. Vaillantii.

Crucifères. — Sinapis arvensis. Raphanus raphanistrum. Erysimum perfoliatum. Neslia paniculata. Iberis amara. Thlaspi arvense.

Silénées. — Gypsophila Vaccaria. G. muralis. Agrostemma Githago.

Papilionacées. — Vicia segetalis. V. angustifolia. Ervum tetraspermum. E. gracile. Lathyrus Aphaca. L. tuberosus. L. hirsutus.

Sanguisorbées. — Alchemilla arvensis.

Ombellifères. — Orlaya grandiflora. Turgenia latifolia. Caucalis daucoïdes. Torilis helvetica. Bupleurum rotundifolium. Bunium bulbo-castanum. Falcaria Rivini. Scandix pecten-Veneris.

Rubiacées. — Galium Aparine. G. tricorne. Asperula arvensis. Sherardia arvensis.

Valérianées. — Valerianella olitoria. V. Morisonii. V. Auricula. V. carinata.

Synanthérées. — Matricaria Chamomilla. M. inodora. Anthemis arvensis. A. cotula. Filago arvensis. F. gallica. Centaurea Cyanus. Arnoseris minima. Hypochæris glabra. Chondrilla juncea. Sonchus arvensis.

Campanulacées. — Specularia speculum. S. hybrida.

Primulacées. — Anagallis arvensis.

Borraginées. — Lycopsis arvensis. Lithospermum arvense.

Scrophularinées. — Antirrhinum Orontium. Linaria minor. Linaria prætermissa. L. Elatine. L. spuria. Veronica triphyllos. V. præcox. V. acinifolia. Melampyrum arvense.

Orobanchées. — Phelipæa ramosa (1).

Labiées. — Stachys annua. S. arvensis. Ajuga chamæpitys. Teucrium botrys.

Daphnoïdées. — Stellera passerina.

Euphorbiacées. — Euphorbia helioscopia. E. platyphylla. E. Peplus. E. exigua.

Liliacées. — Gagea arvensis.

(1) Parasite sur les racines du *Cannabis sativa*, et probablement introduit d'Asie, en même temps que cette plante, à une époque très reculée.

Graminées. — Alopecurus agrestis. Setaria viridis. S. glauca. Panicum sanguinale. P. glabrum. P. crus-galli. Agrostis Spica-venti. Avena fatua. Bromus secalinus. B. arvensis. Lolium temulentum. L. speciosum.

IV

Quelques autres plantes étrangères se sont naturalisées à divers degrés, et depuis plus ou moins longtemps, sur les vieux murs, les décombres, le long des chemins, et au bord des rivières. L'introduction de plusieurs de ces espèces est due à la culture que l'on en faisait jadis comme plantes officinales.

Crucifères. — Diplotaxis tenuifolia. Cheiranthus Cheiri. Erysimum cheiranthoïdes. E. cheiriflorum (1).

Papilionacées. — Astragalus Cicer.

Crassulacées. — Sedum album. Sempervivum tectorum.

Synanthérées. — Sonchus palustris.

Solanées. — Datura Stramonium. Hyosciamus niger.

Labiées. — Mentha sativa. Hyssopus officinalis. Nepeta Cataria. Leonurus Cardiaca.

Aristolochiées. — Aristolochia Clematitis.

Euphorbiacées. — Euphorbia Lathyris.

Orontiacées. — Acorus Calamus.

Je citerai, à la suite de cette liste, plusieurs espèces dont l'introduction dans notre arrondissement, paraît récente et accidentelle, bien que M. Godron les considère comme indigènes en Lorraine, à l'exception du *Centunculus minimus*. Ce sont les suivantes :

Linum Leonii. — Trouvé une seule fois par M. de Bullemont, dans un champ de trèfle. Spontané sur les côteaux secs du calcaire jurassique aux environs de Verdun.

Geranium pyrenaïcum.— Devenu assez commun, depuis

(1) Considérée comme spontanée en Lorraine par M. Godron, cette espèce ne paraît exister dans notre arrondissement qu'à l'état de plante introduite.

une dizaine d'années, sur les talus des routes.

Lythrum hyssopifolium et *Centunculus minimus*. — Trouvés une seule fois dans une ballastière de la ligne Sedan-Lérouville.

Inula britannica. — Cette espèce paraît avoir été introduite chez nous depuis la construction du canal de l'Est, car je ne l'ai rencontrée encore que sur les bords ou dans le voisinage de ce canal.

Limosella aquatica. — Récolté une seule fois dans un chemin vaseux entre Baâlon et la ferme de Bronelle, et probablement amené là par des oiseaux aquatiques.

Typha latifolia et *T. angustifolia*. — Ces deux espèces, peut-être indigènes dans les étangs de la Woëvre, n'existaient pas chez nous dans la vallée de la Meuse avant la construction du chemin de fer de Sedan-Lérouville ; on les trouve surtout dans les anciennes ballastières. Le *T. latifolia* se rencontre aussi dans la vallée de la Chiers, toujours dans le voisinage de la voie ferrée.

V

Enfin, on rencontre encore dans les champs cultivés, plusieurs espèces dont l'origine étrangère, sans être aussi certaine que celle des plantes messicoles énumérées plus haut, peut être cependant regardée comme fort probable. Il en est de même d'un assez grand nombre d'autres végétaux, qui paraissent rechercher le voisinage de l'homme, et ne se rencontrent guère qu'autour de ses habitations, sur les décombres ou le long des chemins ; si l'on ne peut pas affirmer avec certitude que ces plantes sont d'origine étrangère, il n'en est pas moins vrai que leur indigénat reste fort problématique.

Voici la liste de toutes ces espèces, auxquelles on peut, avec beaucoup de raison, contester le titre d'aborigènes.

PAPAVÉRACÉES. — Chelidonium majus.

CRUCIFÈRES. — Thlaspi bursa-pastoris. Lepidium ruderale. Senebiera coronopus.

Alsinées. — Sagina ciliata. Spergula arvensis. Holosteum umbellatum. Cerastium viscosum. Stellaria media.

Malvacées. — Malva rotundifolia. M. sylvestris.

Ombellifères. — Æthusa cynapium. Pastinaca sativa.

Synanthérées. — Filago spathulata. Centaurea Calcitrapa. Lactuca scariola. Sonchus asper. S. oleraceus.

Borraginées. — Cynoglossum officinale.

Solanées. — Solanum nigrum.

Scrophularinées. — Veronica didyma. V. hederæfolia.

Labiées. — Lamium purpureum. L. hybridum. L. amplexicaule. Ballota fœtida. Marrubium vulgare.

Amarantacées. — Polycnemum arvense.

Salsolacées. — Chenopodium polyspermum. Ch. murale. Ch. hybridum. Ch. urbicum. Ch. leïospermum. Blitum rubrum. B. Bonus-Henricus. Atriplex hastata. A. patula.

Polygonées. — Polygonum aviculare.

Euphorbiacées. — Mercurialis annua.

Urticées. — Urtica urens. U. dioïca. Parietaria erecta. P. diffusa.

Graminées. — Poa annua. Bromus tectorum. Hordeum murinum.

VI

En additionnant les espèces des diverses catégories que nous venons d'énumérer, on arrive à un total de 297 plantes, certainement ou très vraisemblablement étrangères à la flore originelle de la contrée. Si nous déduisons ces 297 espèces du chiffre total de notre flore actuelle, il nous reste 712 plantes auxquelles nous pouvons, sans trop craindre de nous tromper, accorder le brevet de l'indigénat.

Les plantes étrangères sont donc dans la proportion de plus de 29 % dans la végétation de notre pays. On peut juger par ce chiffre, combien la physionomie de la flore primitive a été profondément modifiée, surtout si l'on tient compte de ce fait qu'un grand nombre de nos plantes introduites, principalement parmi les messicoles, sont extrêmement abondantes en individus.

C'est parmi les Dicotylédonées que les espèces introduites sont le plus nombreuses : environ 32 % de leurs espèces ont une origine étrangère, tandis que cette proportion se trouve réduite à 18 % pour les Monocotylédonées. Quant aux Cryptogames, ils ne nous fournissent aucune espèce étrangère.

VII

Il nous reste à donner la liste des plantes indigènes. Le lecteur aura ainsi sous les yeux le tableau complet de notre flore.

Renonculacées. — Clematis vitalba. Thalictrum minus. T. majus. T. sylvaticum. T. flavum. Anemone pulsatilla. A. nemorosa. A. sylvestris. A. ranunculoïdes. Hepatica triloba. Ranunculus aquatilis. R. trichophyllus. R. divaricatus. R. fluitans. R. sceleratus. R. flammula. R. auricomus. R. acris. R. sylvaticus. R. repens. R. bulbosus. R. philonotis. Ficaria ranunculoïdes. Caltha palustris. Helleborus fœtidus. Aquilegia vulgaris. Actæa spicata.

Nymphéacées. — Nymphæa alba. Nuphar lutea.

Fumariées. — Corydalis solida.

Crucifères. — Barbarea vulgaris. Sisymbrium officinale. S. Alliaria. Nasturtium officinale. N. sylvestre. Arabis sagittata. A. Thaliana. A. arenosa. Turritis glabra. Cardamine pratensis. C. amara. C. impatiens. C. hirsuta. Dentaria pinnata. Alyssum calycinum. Draba verna. Roripa amphibia. Teesdalia nudicaulis. Thlaspi perfoliatum. Lepidium campestre.

Cistinées. — Helianthemum vulgare.

Violariées. — Viola hirta. V. odorata. V. canina. V. tricolor. V. arvensis.

Résédacées. — Reseda luteola. R. lutea.

Droséracées. — Parnassia palustris.

Pyrolacées. — Pyrola rotundifolia. P. minor.

Monotropées. — Monotropa hypopitys.

Polygalées. — Polygala vulgaris. P. comosa. P. calcarea. P. austriaca.

Silénées. — Dianthus prolifer. D. Armeria. Saponaria officinalis. Silene inflata. S. nutans. Lychnis dioïca. L. sylvestris. L. Floscuculli. Viscaria purpurea.

Alsinées. — Sagina apetala. S. procumbens. S. nodosa. Alsine tenuifolia. Spergula rubra. Mœhringia trinervia. Arenaria serpyllifolia. Stellaria holostea. S. graminea. S. uliginosa. Malachium aquaticum. Cerastium quaternellum. C. alsinoïdes. C. brachypetaum. C. arvense. C. vulgatum.

Linées. — Linum catharticum. L. tenuifolium.

Tiliacées. — Tilia sylvestris. T. platyphylla.

Malvacées. — Malva Alcea. M. moschata.

Géraniées. — Geranium Robertianum. G. molle. G. pusillum. G. dissectum. G. columbinum. Erodium cicutarium. E. pimpinellæfolium.

Hypéricinées. — Hypericum hirsutum. H. montanum. H. pulchrum. H. humifusum. H. perforatum. H. quadrangulum. H. tetrapterum.

Oxalidées. — Oxalis acetosella (1).

Acérinées. — Acer pseudoplatanus. A. campestre.

Célastrinées. — Evonymus europæus.

Rhamnées. — Rhamnus cathartica. R. Frangula.

Papilionacées. — Sarothamnus scoparius. Genista sagittalis. G. tinctoria. Ononis Natrix. O. spinosa. O. mitis. Anthyllis vulneraria. Medicago lupulina. M. falcata. Melilotus macrorhiza. M. officinalis. Trifolium arvense. T. striatum. T. ochroleucum. T. medium. T. pratense. T. rubens. T. montanum. T. fragiferum. T. repens. T. elegans. T. aureum. T. agrarium. T. procumbens. Lotus corniculatus. L. tenuis. L. uliginosus. Astragalus glycyphyllos. Vicia sepium. V. pisiformis. V. lathyroïdes. Cracca major. C. minor. Lathyrus pratensis. L. sylvestris. Orobus tuberosus. Coronilla varia. Ornithopus perpusillus. Hippocrepis comosa.

Amygdalées. — Prunus spinosa. P. avium. P. Padus. P. Mahaleb.

Rosacées. — Spiræa ulmaria. Geum urbanum. G. rivale. Potentilla fragariastrum. P. Tormentilla. P. procumbens. P. argentea. P. verna. P. reptans. P. anserina. Fragaria vesca. F. magna. Rubus saxatilis. R. cœsius. R. hirtus. R. discolor. R. thyrsoideus. R. Idæus. Rosa arvensis. R. canina. R. rubiginosa.

Sanguisorbées. — Agrimonia Eupatorium. Poterium Sanguisorba. Alchemilla vulgaris.

Pomacées. — Cratægus oxyacantha. C. monogyna. Pyrus com-

(1) L'*O. stricta* indiqué dans la *Liste des Plantes vasculaires de l'arrondissement de Montmédy* n'existe chez nous que dans un jardin, où il a été naturalisé. Il est assez commun dans les champs de la région ardennaise.

munis. P. acerba. Sorbus Aria. S. torminalis. S. aucuparia.

Onagrariées. — Epilobium tetragonum. E. roseum. E. montanum. E. parviflorum. E. hirsutum. E. angustifolium.

Circéacées. — Circæa lutetiana.

Trapéacées. — Trapa natans.

Myriophylléacées. — Myriophyllum verticillatum. M. spicatum.

Lythrariées. — Lythrum Salicaria. Peplis Portula.

Paronychiées. — Herniaria glabra. Scleranthus annuus. S. perennis.

Crassulacées. — Sedum Fabaria. S. acre. S. reflexum. S. elegans.

Grossulariées. — Ribes grossularia.

Saxifragées. — Saxifraga granulata. S. tridactylites. Chrysosplenium alternifolium. Ch. oppositifolium.

Ombellifères. — Daucus carota. Torilis Anthriscus. Angelica sylvestris. Selinum Carvifolia. Heracleum sphondylium. Silaus pratensis. Seseli montanum. S. Libanotis. Peucedanum oreoselinum. Œnanthe fistulosa. Œ. peucedanifolia. Œ. Phellandrium. Bupleurum falcatum. Sium latifolium. Berula angustifolia. Pimpinella magna. P. Saxifraga. Bunium Carvi. Ægopodium Podagraria. Helosciadium nodiflorum. Anthriscus sylvestris. Chærophyllum temulum. Conium maculatum. Eryngium campestre. Sanicula europæa.

Hédéracées. — Hedera helix. Cornus mas. C. sanguinea.

Loranthacées. — Viscum album.

Caprifoliacées. — Adoxa moschatellina. Sambucus Ebulus. S. nigra. S. racemosa. Viburnum Lantana. V. Opulus. Lonicera periclymenum. L. Xylosteum.

Rubiacées. — Galium Cruciata. G. verum. G. sylvaticum. G. Mollugo. G. sylvestre. G. uliginosum. G. palustre. G. elongatum. Asperula cynanchica. A. odorata.

Valérianées. — Valeriana officinalis. V. sambucifolia. V. dioïca.

Dipsacées. — Dipsacus sylvestris. D. pilosus. Scabiosa arvensis. S. Columbaria. S. succisa.

Synanthérées. — Eupatorium cannabinum. Petasites officinalis. Tussilago Farfara. Solidago virga-aurea. Erigeron acris. Aster Amellus. Bellis perennis. Senecio vulgaris. S. viscosus. S. sylvaticus. S. aquaticus. S. Jacobæa. S. erucæfolius. S. saracenicus. Artemisia vulgaris. Tanacetum vulgare. Leucanthemum vulgare. Achillea millefolium. A. ptarmica. Bidens tripartita. B. cernua. Inula salicina. Conyza squarrosa. Pulicaria dysenterica. P. vulgaris. Helichrysum arenarium. Gnaphalium uliginosum. G. sylvaticum. Antennaria dioïca. Filago minima. Onopordon Acanthium. Cirsium lanceolatum. C. eriophorum. C. palustre. C. oleraceum. C. oleraceoacaule. C. acaule. C. arvense. Carduus crispus. C. nutans. Centaurea Jacea. C. pratensis. C. microptilon. C. serotina. C. scabiosa. Carlina vulgaris. Lappa minor. L. major. L. tomentosa. Cichorium Intybus. Lampsana communis. Hypochæris radicata. Thrincia hirta. Leontodon autumnalis. L. proteïformis. L. hastilis. Picris hieracioïdes. Scorzonera humilis. Tragopogon pratensis. Taraxacum officinale. Lactuca muralis. L. perennis. Barkhausia taraxacifolia. B. fœtida. Crepis polymorpha. C. biennis. C. præmorsa. Hieracium Pilosella. H. Auricula. H. murorum. H. vulgatum. H. argillaceum. H. tridentatum. H. umbellatum.

Campanulacées. — Campanula rotundifolia. C. rapunculoïdes. C. Trachelium. C. rapunculus. C. persicifolia. C. glomerata. C. cervicaria. Phyteuma spicatum. Ph. nigrum. Ph. orbiculare. Jasione montana.

Cucurbitacées. — Bryonia dioïca.

Vacciniées. — Vaccinium Myrtillus.

Ericinées. — Calluna vulgaris.

Lentibulariées. — Utricularia vulgaris.

Primulacées. — Primula officinalis. P. elatior. Lysimachia vulgaris. L. nummularia. L. nemorum.

Aquifoliacées. — Ilex aquifolium.

Oléacées. — Ligustrum vulgare. Fraxinus excelsior.

Apocynées. — Vinca minor.

Asclépiadées. — Vincetoxicum officinale.

Gentianées. — Gentiana cruciata. G. ciliata. G. germanica. Erythræa centaurium. E. pulchella. Villarsia nymphoïdes. Menyanthes trifoliata.

Convolvulacées. — Convolvulus sepium. C. arvensis.

Cuscutacées. — Cuscuta major. C. minor.

Borraginées. — Symphytum officinale. Lithospermum officinale. Echium vulgare. Pulmonaria tuberosa. Myosotis palustris. M. strigulosa. M. intermedia. M. hispida. M. versicolor. Solanum Dulcamara. Physalis Alkekengi. Atropa Belladona.

Verbascées. — Verbascum Thapsus. V. thapsiforme. V. Lychnitis. V. nigrum.

Scrophularinées. — Scrophularia nodosa. S. aquatica. S. Ehrharti. Digitalis purpurea. D. lutea. Gratiola officinalis. Linaria vulgaris. Veronica montana. V. scutellata. V. Anagallis. V. Beccabunga. V. Chamædrys. V. officinalis. V. Teucrium. V. prostrata. V. serpyllifolia. V. arvensis. Euphrasia officinalis. E.

nemorosa. E. odontites (1). E. lutea. Rhinanthus minor. R. major. Pedicularis palustris. P. sylvatica. Melampyrum pratense.

Orobanchées. — Orobanche major. O. Galii. O. Teucrii. O. Picridis. O. epithymum. O. minor. Phelipæa cœrulea. Lathræa squamaria.

Labiées. — Mentha rotundifolia. M. sylvestris. M. viridis. M. aquatica. M. arvensis. Lycopus europæus. Origanum vulgare. Thymus serpyllum. T. chamædrys. Calamintha acinos. C. Clinopodium. Salvia pratensis. Glechoma hederacea. Lamium album. L. maculatum. L. Galeobdolon. Galeopsis angustifolia. G. ochroleuca. G. Tetrahit. Stachys germanica. S. alpina. S. sylvatica. S. palustris. S. recta. Betonica officinalis. Melittis Melissophyllum. Scutellaria galericulata. Brunella vulgaris. B. alba. B. grandiflora. Ajuga reptans. A. genevensis. Teucrium Scordium. T. chamædrys. T. montanum. T. scorodonia.

Verbénacées. — Verbena officinalis.

Globulariées. — Globularia vulgaris.

Plantaginées. — Plantago major. P. media. P. lanceolata.

Polygonées. — Rumex maritimus. R. obtusifolius. R. crispus. R. hydrolapathum. R. conglomeratus. R. nemorosus. R. scutatus. R. acetosa. R. acetosella. Polygonum bistorta. P. amphibium. P. lapathifolium. P. Persicaria. P. mite. P. hydropiper. P. convolvulus. P. dumetorum.

Daphnoïdées. — Daphne Mezereum.

Santalacées. — Thesium alpinum. Th. humifusum.

Euphorbiacées. — Euphorbia stricta. E. amygdaloïdes. E. cyparissias. Mercurialis perennis. Buxus sempervirens (2).

Hippuridées. — Hippuris vulgaris.

Cératophyllées. — Ceratophyllum demersum.

Callitrichinées. — Callitriche stagnalis. C. platycarpa. C. verna. C. autumnalis.

Cannabinées. — Humulus Lupulus.

Ulmacées. — Ulmus campestris. U. montana. U. effusa.

(1) Godron considère cette espèce comme introduite en Lorraine. Elle me semble plutôt indigène.

(2) Quelques auteurs pensent que cette plante a été introduite dans le nord de la France par les Romains. Ce qui semble justifier cette hypothèse, c'est qu'on rencontre très souvent le buis sur l'emplacement d'anciens camps romains.

Cupulifères. — Quercus sessiliflora. Q. pedunculata. Corylus Avellana. Carpinus Betulus. Fagus sylvatica.

Salicinées. — Salix fragilis. S. alba. S. amygdalina. S. purpurea. S. viminalis. S. caprea. S. cinerea. Populus Tremula.

Bétulinées. — Betula alba. Alnus glutinosa.

Cupressinées. — Juniperus communis.

Alismacées. — Alisma plantago. Sagittaria sagittæfolia.

Juncaginées. — Triglochin palustre.

Butomées. — Butomus umbellatus.

Colchicacées. — Colchicum autumnale.

Liliacées. — Scilla bifolia. Allium ursinum. A. oleraceum. A. vineale. Ornithogalum sulphureum. Anthericum ramosum.

Asparaginées. — Polygonatum vulgare. P. multiflorum. Convallaria majalis. Mayanthemum bifolium. Paris quadrifolia.

Joncées. — Juncus conglomeratus. J. effusus. J. glaucus. J. bulbosus. J. Gerardi. J. bufonius. J. lamprocarpus. J. sylvaticus. Luzula vernalis. L. albida. L. maxima. L. campestris. L. erecta.

Dioscorées. — Tamus communis.

Orchidées. — Orchis ustulata. O. fusca. O. cinerea. O. morio. O. mascula. O. maculata. O. latifolia. O. incarnata. O. bifolia. O. virescens. O. conopsea. O. viridis. Herminium clandestinum. Aceras anthropophora. Ophrys myodes. O. arachnites. O. apifera. Neottia Nidus-Avis. Listera ovata. Epipactis latifolia. E. atrorubens. E. palustris. Cephalanthera pallens. C. ensifolia. C. rubra.

Iridées. — Iris pseudo-acorus.

Hydrocharidées. — Hydrocharis Morsus-ranæ.

Potamées. — Potamogeton natans. P. lucens. P. perfoliatus. P. crispus. P. densus. P. pusillus. P. pectinatus. Zanichellia palustris.

Lemnacées. — Lemna minor. L. trisulca. L. polyrrhiza.

Aroïdées. — Arum maculatum.

Typhacées. — Sparganium ramosum. S. simplex.

Cypéracées. — Cyperus fuscus. Eriophorum latifolium. E. angustifolium. Scirpus sylvaticus. S. compressus. S. lacustris. S. setaceus. Eleocharis palustris. E. uniglumis. E. ovata. E. acicularis. Carex disticha. C. vulpina. C. muricata. C. divulsa. C. paniculata. C. elongata. C. leporina. C. remota. C. Goodenowi. C. acuta. C. glauca. C. maxima. C. alba. C. pallescens. C. panicea. C. præcox. C. polyrrhiza. C. tomentosa. C. pilulifera. C. montana. C. digitata. C. ornithopoda. C. sylvatica. C. flava. C. Œderi. C. distans. C. ampullacea. C. vesicaria. C. paludosa. C. riparia. C. hirta.

Graminées. — Baldingera colorata. Anthoxanthum odoratum. Phleum pratense. P. nodosum. P. Bœhmeri. Alopecurus pratensis. A. geniculatus. A. fulvus. Sesleria cærulea. Phragmites communis. Calamagrostis Epigeios. Agrostis alba. A. vulgaris. A. canina. Milium effusum. Corynephorus canescens. Aira caryophyllea. Deschampsia cæspitosa. D. flexuosa. Avena pubescens. A. pratensis. Arrhenatherum elatius. Trisetum flavescens. Holcus lanatus. H. mollis. Kœleria cristata. Catabrosa aquatica. Glyceria fluitans. G. spectabilis. G. loliacea. Poa nemoralis. P. trivialis. P. pratensis. P. compressa. Briza media. Melica uniflora. Dactylis glomerata. Molinia cœrulea. Danthonia decumbens. Cynosurus cristatus. Festuca duriuscula. F. rubra. F. heterophylla. F. arundinacea. F. elatior. F. gigantea. Bromus sterilis. B. asper. B. erectus. B. praténsis. B. mollis. Hordeum secalinum. Elymus europæus. Agropyrum repens. A. caninum. Brachypodium sylvaticum. B. pinnatum. Lolium perenne.

Fougères. — Ophioglossum vulgatum. Botrychium Lunaria. Polypodium vulgare. P. Robertianum. Aspidium aculeatum. Polystichum Filix-mas. P. spinulosum. Cyathea fragilis. Asplenium filix femina. A. Ruta-muraria. A. Trichomanes. Scolopendrium officinarum. Pteris aquilina.

Equisétacées. — Equisetum arvense. E. Telmateja. E. sylvaticum. E. palustre. E. limosum. E. hyemale.

AVIS.

M. H. Bertrand, médecin à Consenvoye, prie ses collègues de la Société de conserver pour lui :

1° Des galles, des feuilles ou branches attaquées par les insectes.

2° Des dégâts d'insectes dans les bois, les écorces, etc.

3° Des nids d'insectes et d'araignées.

4° Des crânes humains anciens ou modernes.

ASSEMBLÉE GÉNÉRALE DU 3 NOVEMBRE 1889.

PROCÈS-VERBAL

Le trois novembre mil huit cent quatre-vingt-neuf, à trois heures et demie du soir, la *Société des Amateurs naturalistes du Nord de la Meuse* s'est réunie en Assemblée générale, dans une des salles de l'Hôtel-de-Ville de Montmédy, sous la présidence de M. Pierrot.

Etaient présents : MM. Bailleux, Beauzée, de Bullemont, Cardot, J. Cocu, Errard, Foury, Grégoire, Houzelle, Louis, Paulot, Perrin, Pierron, Pierrot, Voisard et Vuillaume.

M. Schaudel s'est excusé par lettre.

Avant de passer à l'ordre du jour, M. le Président rappelle à l'Assemblée qu'une cruelle maladie vient d'enlever notre Secrétaire-Trésorier, le regretté M. Vitry, et, se faisant l'interprête des sentiments de tous, il prononce les paroles suivantes :

Messieurs,

Je suis sûr de devancer votre pensée à tous en ouvrant cette séance par l'expression des regrets que nous a causés la mort de notre cher collègue, M. Vitry, l'un des membres-fondateurs de notre Société et son Secrétaire-Trésorier.

Il ne m'appartient pas de retracer ici la carrière de ce digne maître, de cet homme de bien qui a laissé parmi nous tous qui l'avons connu, de si vives et si cordiales sympathies. Un d'entre nous, qui avait qualité pour le faire, lui a adressé le suprême adieu à Montfaucon, le 22 octobre dernier, en présence d'une assistance nombreuse, et a rappelé l'existence utile et si bien remplie de ce vaillant, de ce modeste, dont ses chefs hiérarchiques avaient apprécié depuis longtemps le mérite et le dévouement.

Toutes les récompenses académiques lui avaient été décernées de son vivant, et une nouvelle distinction allait lui être conférée quand la mort, succédant à une longue et cruelle maladie, est venue l'arracher à l'affection de sa famille, de ses amis et de ses confrères qui l'aimaient tous et dont plusieurs d'entre vous, Messieurs les Instituteurs, ont été ses élèves avant d'être ses collaborateurs.

Je m'arrête là, Messieurs, en vous disant qu'au double titre d'organe de notre Société et d'ami personnel de M. Vitry, je me serais fait un devoir d'assister à ses obsèques et d'ajouter, au nom des habitants de Montmédy, quelques mots aux éloquentes paroles que lui a consacrées M. l'Inspecteur Pierron, notre honorable collègue. Il a fallu un cas de force majeure pour me priver de cette consolation et j'y supplée de mon mieux en rendant, en présence de ceux qui étaient ses amis autant que ses collègues, un dernier hommage à la mémoire d'Eugène Vitry, cet instituteur modèle, ce citoyen loyal, probe et honnête entre tous, qui a succombé à la peine.

Tout attristé d'avoir eu à débuter par une notice nécrologique dans la revue des actes qui ont marqué l'historique de notre Société depuis sa naissance, je résumerai très rapidement ce que nous avons fait jusqu'ici.

Quatre excursions, assez suivies, la troisième surtout, ont pu être organisées au courant de l'été 1889 :

Une entre Montmédy, Bazeilles, Velosnes et Villécloye, qui a été pleine d'entrain et de cordialité et qui a été considérée comme assez fructueuse, pour une entrée en scène ;

Une seconde entre Vilosnes, Brandeville et Dun, a malheureusement dû être faite trop rapidement, en raison des grands espaces à parcourir. Nous en avons néanmoins tiré profit à l'avantage de la Flore de notre arrondissement. Notre vice-président, M. Bertrand, que nous regrettons de ne pas voir parmi nous, y a initié quelques amateurs à l'étude de l'entomologie ;

Une autre dirigée sur le territoire de Breux, si intéressant pour le géologue et le botaniste, a émerveillé nos collègues venus du midi du département et a enrichi nos catalogues de précieuses espèces nouvelles ;

Enfin, une quatrième, d'humide souvenir, a été organisée entre Dun, Doulcon, Mont et Saulmory. Malgré les contretemps de la matinée, elle ne nous en a pas moins donné quelques heureux résultats.

Je ne m'étendrai pas davantage sur ces explorations ; vous en trouverez la relation dans nos Mémoires, dont deux fascicules ont paru et dont deux autres paraitront d'ici le 1er janvier.

Une cinquième excursion avait été projetée pour le 26 août. Mais elle a dû être abandonnée. Les vacances, notre grande Exposition et d'autres considérations qui doivent rester à la porte de cette enceinte nous ont tous retenus ou dispersés au loin.

Nous entrons dans la saison mauvaise, qui est l'époque de la lecture, des études reposées et de la mise en ordre des récoltes faites en été. Nous puiserons dans ce repos salutaire des forces nouvelles pour nous remettre à l'œuvre dès le premier printemps de 1890. Et tous, nous prenons, n'est-ce pas, Messieurs, l'engagement de faire un peu de prosélytisme autour de nous, auprès de nos amis et connaissances, en vue d'étendre encore notre champ d'action et de multiplier les rangs de notre jeune Société qui, au bout d'un an d'existence, compte 76 membres inscrits.

C'est là un heureux début qui promet pour l'avenir et sur lequel nous ne nous endormirons pas.

On procède à l'élection d'un Secrétaire-Trésorier, en remplacement de M. Vitry. A l'unanimité M. Houzelle, instituteur à Montmédy-Bas, est désigné pour remplir ces fonctions.

Sont élus membres de la Société :

M. Errard, percepteur à Thonnelle, présenté par MM. Voisard et Grégoire ;

M. Laurent, instituteur à Brandeville, présenté par MM. Houzelle et Vuillaume.

M. le Président, remplissant par intérim les fonctions de Trésorier, expose sommairement l'état financier de la Société ; le compte détaillé de l'exercice courant ne pourra être arrêté qu'à la fin de l'année et sera déposé à la première réunion de l'année prochaine. De l'exposé sommaire présenté, il résulte que la situation financière de la Société est excellente.

Plusieurs membres demandent qu'une partie de l'excédent des recettes soit consacré à un abonnement à un ou plusieurs recueils de sciences naturelles, afin qu'un compte-rendu analytique des principaux travaux et ouvrages publiés sur les diverses branches de l'histoire naturelle puisse être donné dans notre Bulletin.

Après une discussion à laquelle prennent part MM. Bailleux, de Bullemont, Cardot, Cocu, Perrin, Pierron et Voisard, le principe de la proposition est adopté à l'unanimité, et la Société autorise le Bureau à choisir le ou les recueils auxquels on pourrait s'abonner, sans toutefois que les frais de ces abonnements puissent absorber la totalité de l'excédent de recettes de la présente année. Elle invite en même temps le Bureau à établir un règlement fixant les conditions dans lesquelles les ouvrages reçus par la Société ou les fascicules des recueils auxquels elle sera abonnée pourront être communiqués aux membres qui en feront la demande.

La création d'un fonds de réserve est également décidée en principe et le Bureau est chargé d'examiner s'il y a possibilité et à quelles conditions ce fonds pourrait être placé dans les caisses de l'Etat (1).

L ordre du jour étant épuisé, la séance est levée à cinq heures.

Le Secrétaire des séances,

A. VUILLAUME.

(1) Comme conséquence de ce vote, un livret de 100 fr. a été pris dès le dimanche suivant à la Caisse d'Epargne, au nom de la Société, par les soins de M. Houzelle, trésorier.

LISTE DES MEMBRES

DE LA

Société des Amateurs Naturalistes du Nord de la Meuse.

Composition du Bureau pour 1889-90.

Président : M. Philogène Pierrot, A ✿

Vice-Présidents : M. Jules Cardot.
M. H. Bertrand.

Secrétaire-Trésorier : M. F. Houzelle (1).

Secrétaire des séances : M. Vuillaume.

Membres du bureau : M. Panau.
M. Perrin.
M. J. Cocu.

Membres honoraires.

MM.

Berteaux, I P ✿, Inspecteur primaire honoraire, 30, rue du Bourg, Bar-le-Duc.............................. 16 Mai 1889.

Nicolas Théodore, receveur des Douanes aux Aulnois, par Jarville (Meurthe-et-Moselle)......................... 21 Juillet 1889.

Thiriet, conservateur du Musée de Sedan............................. 16 Mai 1889.

(1) Elu le 3 Novembre 1889, en remplacement de M. E. Vitry, décédé.

Membres actifs.

MM.

Bailleux Louis, vétérinaire à Montmédy	16 Mai 1889.
Baldé Louis, maire et conseiller d'arrondissement à Sorbey	11 Octobre 1888.
Beauzée, instituteur à Montmédy (ville-haute)	11 Octobre 1888.
Bertrand H., médecin et délégué cantonal à Consenvoye	fondateur.
Breton Constant, élève en pharmacie à Saint-Mihiel	11 Octobre 1888.
de Bullemont L, O ✻, rentier à Aincreville	6 Juin 1889.
Cardot Jules, à la Jardinette (Stenay)	fondateur.
Célice Léon, docteur en médecine à Dun	11 Octobre 1888.
Cocu J., vétérinaire à Stenay	fondateur.
Collignon, instituteur à Olizy	11 Octobre 1888.
Collignon, agent-voyer à Septsarges	11 Octobre 1888.
Collin, instituteur-adjoint à Montmédy	11 Octobre 1888.
Cordonnier Edmond, de Stenay, élève à l'Ecole vétérinaire de Lyon	16 Mai 1889.
Delahaye, pharmacien à Damvillers	11 Octobre 1888.
Didier, vétérinaire à Dun	11 Octobre 1888.
Drappier Jules, négociant et Conseiller général à Stenay	16 Mai 1889.
Duchesne, instituteur à Villers-devant-Dun	4 Juillet 1889.
Ducluzeaux Charles, docteur en médecine à Stenay	11 Octobre 1888.
Errard, instituteur-adjoint à Stenay	11 Octobre 1888.
Errard Théophile, licencié en droit, juge de paix à Dun	16 Mai 1889.
Errard Adolphe, percepteur et délégué cantonal à Thonnelle	3 Novemb. 1889.

Ferry, commis des douanes, Ecouviez (1)	11 Octobre 1888.
Foury, instituteur à Bouvigny (2).....	11 Octobre 1888.
Gallas, pharmacien à Dun............	11 Octobre 1888.
Gaspard, instituteur en retraite à Stenay	11 Octobre 1888.
Geandarme, instituteur à Villécloye...	4 Juillet 1889.
Geoffroy, instituteur à Vigneul-sous-Montmédy........................	11 Octobre 1888.
Gérard, instituteur à Martincourt (3)..	11 Octobre 1888.
Gœuriot, instituteur à Fresnois-les-Montmédy........................	16 Mai 1889.
Grégoire, instituteur à Thonnelle.....	11 Octobre 1888.
Grosjean Maurice, rentier à Spincourt	11 Octobre 1888.
Guilmart, conducteur des Ponts-et-Chaussées à Stenay.................	16 Mai 1889.
Heintz Léon, rentier à Avioth.........	11 Octobre 1888.
Henry, instituteur à Chauvency-le-Château..........................	11 Octobre 1888.
Henry Emile, instituteur à Consenvoye (4)..........................	11 Octobre 1888.
Houzelle F., instituteur à Breux (5)..	fondateur.
Jacquemin, instituteur à Fresnois-les-Montmédy (6).....................	fondateur.
Jacques J.-B., instituteur à Chauvency-Saint-Hubert......................	11 Octobre 1888.
Josset, instituteur à Thonne-la-Long..	11 Octobre 1888.
Lagosse Adolphe, architecte à Montmédy............................	4 Juillet 1889.
Lapanne, pharmacien à Verdun.......	11 Octobre 1888.
Laurent, instituteur à Brandeville....	3 Novemb. 1889.
Lecomte, instituteur à Cierges (7).....	11 Octobre 1888.

(1) Actuellement à (Savoie).
(2) Actuellement à Quincy.
(3) Actuellement à Montigny-devant-Sassey.
(4) Actuellement à Stenay.
(5) Actuellement à Montmédy, ville-basse.
(6) Actuellement à Ribeaucourt, canton de Montiers-sur-Saulx.
(7) Actuellement à Béthincourt ; démissionnaire par suite d'éloignement.

LEGENDRE Albert, rentier à Villécloye..	4 Juillet 1889.
LEPOINTE Octave, instituteur à Avioth.	fondateur.
LESCUYER, pharmacien à Pont-Audemer (Eure)............................	11 Octobre 1888.
LOUIS Henry, Commis des Postes et Télégraphes à Stenay.................	16 Mai 1889.
MARCHAL, entrepreneur à Villécloye (1).	11 Octobre 1888.
MONTLIBERT, instituteur à Sorbey.....	11 Octobre 1888.
MUTELET, vétérinaire à Nouillonpont..	11 Octobre 1888.
NEVEU, employé des Ponts-et-Chaussées à Stenay..........................	11 Octobre 1888.
PANAU, négociant, rue Saint-Pierre, à Verdun...........................	11 Octobre 1888.
PAULOT Tancrède, instituteur à Petit-Verneuil..........................	fondateur.
PERRIN, conducteur des Ponts-et-Chaussées à Stenay.....................	11 Octobre 1888.
PIERRON A 🙰, inspecteur primaire à Montmédy........................	11 Octobre 1888.
PIERROT Philogène, A 🙰, imprimeur et conseiller d'arrondissement à Montmédy............................	fondateur.
POTRON, suppléant du Juge de paix, à Mouzon (Ardennes)..................	4 Juillet 1889.
RIGAUX, pharmacien à Montmédy......	11 Octobre 1888.
ROUSSEAUX, instituteur-adjoint à Stenay	11 Octobre 1888.
SCHAUDEL, Lieutenant des douanes à Thonne-la-Long	11 Octobre 1888.
SIMON Arsène, instituteur à Nepvant...	16 Mai 1889.
SOMMEILLIER Jules, avocat et délégué cantonal, à Montmédy...............	11 Octobre 1888.
SPIRAL Charles, docteur en médecine à Montmédy........................	4 Juillet 1889.
THÉMELIN, professeur à l'Athénée de Virton (Belgique) (2)...............	11 Octobre 1888.

(1) Décédé.

(2) Démissionnaire par suite de départ,

Thiéry, instituteur en congé à Saint-Laurent	11 Octobre 1888.
Thomas, instituteur à Brabant-s^{r}-Meuse	11 Octobre 1888.
Thomas, instituteur-adjoint à Stenay..	11 Octobre 1888.
Vauthrin, pharmacien à Stenay......	11 Octobre 1888.
Vicq, docteur en médecine à Sampigny.	11 Octobre 1888.
Visseaux Emile, minotier, délégué cantonal, à Stenay.....................	11 Octobre 1888.
Vitry Eugène, A ✿, instituteur à Montmédy (1)..........................	fondateur.
Voisard, fondé de pouvoirs à la Recette des finances de Montmédy...........	16 Mai 1889.
Vuillaume, instituteur à Stenay (2)...	fondateur.
Warin-Simon, pharmacien à Stenay...	5 Juin 1889.
Watier, instituteur intérimaire à Villers-les-Mangiennes (3)..............	11 Octobre 1888.
Watrin, instituteur à Ville-devant-Chaumont..........	11 Octobre 1888.

(1) Décédé le 19 Octobre 1889.
(2) Actuellement à Consenvoye.
(3) Actuellement à Etraye.

SITUATION FINANCIÈRE DE LA SOCIÉTÉ

EXERCICE 1889

RECETTES :

78 quittances de cotisation à 4 fr. l'une, ci......	312 f. »»

DÉPENSES :

Livret de Caisse d'Epargne..................	100 f.	30
Impression de quatre fascicules avec couvertures et titres..................................	150	»»
Impression de circulaires pour la création de la Société, pour les convocations aux séances et aux excursions et affranchissement.....	32	25
Un registre de quittances à souche.............	8	»»
Affranchissement des fascicules...............	18	85
TOTAL..........	309	40

Balance: Reste en Caisse.................... 2 f. 60

TABLE DES MATIÈRES.

ERRATA.

2ᵉ fascicule, page 35, ligne 1ʳᵉ, au lieu de *spadice*, lisez *spathe*.

3ᵉ fascicule, page 65, ligne 2, au lieu de *5 juin*, lisez *6 juin*.

www.ingramcontent.com/pod-product-compliance
Lightning Source LLC
LaVergne TN
LVHW012014220826
846092LV00001B/342

* 9 7 8 2 3 2 9 6 9 9 6 2 2 *